改訂 微積分学入門

下田　保博
伊藤　真吾　共著

コロナ社

改訂版にあたって

　2009 年の初版から 8 年を経て，現行学習指導要領で学んできた学生が増え，学生の基礎知識の多様化が顕著になってきた．さらに，授業カリキュラムも初版時の週 1 コマ（通年で 25 コマ程度）が通年で 30 コマに増加したことを受け，記述の手直しや現行学習指導要領に即した内容の改変の必要性を感じ，ここに改訂版の作成を行うことに至った．

　改訂にあたって，新たに北里大学一般教育部の伊藤真吾教授に共同での著作をお願いした．伊藤教授には，新たに設けた第 1 章，第 7 章の執筆と，初版時での字句の誤植や定義や定理などにおける文章表現の不適切な箇所をご指導いただき，あわせて学生のニーズにあった適切な図や表を作成していただいた．また，打合せを重ねて，改訂版の完成を目指した．

　今回の改訂版では，高等学校で学んだ関数の定義や基本的な性質，および初等関数（三角関数，指数関数，対数関数）の性質などを最初の章にまとめて，第 2 章以降で必要とされる基礎知識の修得を徹底することにした．さらに，初版時での逆三角関数の項を積分の章から第 1 章へと移し，学生が逆三角関数の扱いに早急に慣れることを目指した．

　さらに，付録の箇所から二重積分と累次積分の項を第 7 章として独立の章にし，二重積分の基本概念を修得させることにした．

　以前の『微積分学入門』を実際に教科書として利用していただいた，北里大学の先生方からのご意見やご指摘を参考にして，今回の改訂版を作成することとなった．ご意見をいただいた先生方に深く感謝する次第である．より良い本にするために，今後も多くの方からご意見をお寄せいただければ幸いである．

　2018 年 1 月

著者しるす

初版のまえがき

　本書は，水産系や医療系など，数学を専門に学ばない学部での授業カリキュラムに即した微分積分学を扱っている．いままでの教科書に見られるような1年では終わらない内容ではなく，スリム化を図った．週に1コマ (通年で25コマ) 程度の授業カリキュラムを想定した分量となっている．

　そのため，基礎的な内容については本書で必要になる最小限の説明のみにとどめている．例えば，初等関数（三角関数，指数関数，対数関数）の性質などについては詳しい説明を省き，簡潔な説明にとどめた．したがって，読者は必要ならば，高校の教科書等を参照しながら問題等に取り組んでほしい．

　さて，高校までの教育の変化に伴い，学生の履修内容も二極化している．本書は，高校で数学IIまでは履修したが数学IIIは初めて学ぶ読者に対して，自分で学習できるやさしい自習書であるように工夫したつもりである．数学IIIをすでに学習済みの学生に対しては，授業の内容に関連して発展的に学習できる数学の話題を付録に掲載した．ここでは本文で扱えなかった重積分にも言及している．

　第1章では，多項式の微分を基本として微分の公式を考えることにし，その知識の積み重ねとして初等関数の微分を考えることとした．微分公式を繰返し用いることで，公式の理解の徹底を図った．

　第2章では，微分の応用としてロピタルの定理と関数のべき級数展開を入門程度に述べることとした．

　第3, 4章では，積分の基本知識とその応用としての面積，体積の求め方に言及した．

　第5章では，2変数関数の微分である偏微分に関する定義や基本的性質について述べている．

初版のまえがき

　最後に，万全を期したつもりだが，不完全な箇所が多々あると思われる．読者の皆様のご意見などをいただければと思っている．また，本書の刊行に当り，原稿のチェックなどを懇切丁寧にご指導いただいた北里大学の大橋常道氏，谷口哲也氏，コロナ社の皆様には心から感謝の意を表したい．

　2009年2月

下田　保博

目　　次

1. いろいろな関数

1.1 関数とそのグラフ …………………………………………… *1*
1.2 べ　き　関　数 …………………………………………… *3*
1.3 分　数　関　数 …………………………………………… *5*
1.4 無　理　関　数 …………………………………………… *6*
1.5 逆　　関　　数 …………………………………………… *7*
1.6 三　角　関　数 …………………………………………… *10*
　1.6.1 一　　般　　角 …………………………………………… *10*
　1.6.2 弧　度　法 …………………………………………… *10*
　1.6.3 一般角の三角関数 …………………………………………… *11*
　1.6.4 三角関数の性質 …………………………………………… *11*
　1.6.5 三角関数のグラフ …………………………………………… *12*
　1.6.6 加法定理とその派生公式 …………………………………………… *14*
1.7 指　数　関　数 …………………………………………… *17*
　1.7.1 指数の拡張と指数法則 …………………………………………… *17*
　1.7.2 指数関数とそのグラフ …………………………………………… *18*
1.8 対　数　関　数 …………………………………………… *19*
　1.8.1 対数の定義と性質 …………………………………………… *19*
　1.8.2 対数関数とそのグラフ …………………………………………… *20*
1.9 逆　三　角　関　数 …………………………………………… *21*

2. 微分

- 2.1 関数の極限 …………………………………… *24*
- 2.2 連続関数 ………………………………………… *30*
- 2.3 微分係数と導関数 ……………………………… *32*
- 2.4 曲線の接線と法線 ……………………………… *36*
- 2.5 積の微分公式 …………………………………… *37*
- 2.6 商の微分公式 …………………………………… *39*
- 2.7 合成関数の微分公式 …………………………… *42*
- 2.8 その他の微分公式 ……………………………… *44*
- 2.9 三角関数の微分 ………………………………… *47*
- 2.10 指数関数の微分 ………………………………… *52*
- 2.11 対数関数の微分 ………………………………… *56*

3. 微分の応用

- 3.1 対数微分法 ……………………………………… *59*
- 3.2 高次導関数 ……………………………………… *62*
- 3.3 ライプニッツの公式 …………………………… *67*
- 3.4 ロールの定理 …………………………………… *68*
- 3.5 平均値の定理 …………………………………… *70*
- 3.6 ロピタルの定理 ………………………………… *73*
- 3.7 関数の増減と極値・凹凸 ……………………… *78*
- 3.8 曲線のグラフ …………………………………… *83*
- 3.9 テイラーの定理 ………………………………… *84*
- 3.10 べき級数展開 …………………………………… *88*

4. 不定積分

- 4.1 原始関数と基本的な公式 …………………………………… *92*
- 4.2 初等関数の不定積分 …………………………………… *94*
- 4.3 置換積分 …………………………………… *96*
- 4.4 部分積分 …………………………………… *98*
- 4.5 有理式の積分 …………………………………… *102*
- 4.6 三角関数の分数式の積分 …………………………………… *106*
- 4.7 逆三角関数の不定積分 …………………………………… *108*

5. 定積分とその応用

- 5.1 定積分の定義とその基本的性質 …………………………………… *110*
- 5.2 定積分における置換積分 …………………………………… *114*
- 5.3 定積分における部分積分 …………………………………… *117*
- 5.4 漸化式による定積分 …………………………………… *119*
- 5.5 図形の面積 …………………………………… *122*
- 5.6 回転体の体積 …………………………………… *127*
- 5.7 広義の積分 …………………………………… *129*

6. 偏微分

- 6.1 2変数関数 …………………………………… *133*
- 6.2 偏導関数 …………………………………… *136*
- 6.3 全微分 …………………………………… *140*
- 6.4 2階の偏導関数 …………………………………… *141*

6.5 合成関数の偏微分 ………………………………………………… *143*
6.6 陰 関 数 定 理 ………………………………………………… *146*
6.7 2変数関数の極値 ………………………………………………… *149*

7. 二 重 積 分

7.1 二重積分の定義と性質 ………………………………………… *156*
7.2 累 次 積 分 ………………………………………………… *159*

付　　　　録 ………………………………………………… *163*
　A.1 双 曲 線 関 数 ………………………………………… *163*
　A.2 2変数関数のテイラー展開 ……………………………… *167*
　A.3 条 件 つ き 極 値 ………………………………………… *169*
　A.4 関数行列式と変数変換 …………………………………… *170*

引用・参考文献 ……………………………………………………… *175*
問 題 の 答 ……………………………………………………… *176*
索　　　　引 ……………………………………………………… *194*

1 いろいろな関数

1.1 関数とそのグラフ

2つの変数 x と y について，x の値に応じて y の値がただ 1 つ決まるとき，y は x の**関数**であるといい，$y = f(x)$，$y = g(x)$ などと表す．関数 $y = f(x)$ において，$x = a$ に対応する y の値を $f(a)$ と表し，$x = a$ における関数 $f(x)$ の**値**という．また，x がとり得る値の範囲を $f(x)$ の**定義域**，y のとり得る値の範囲を $f(x)$ の**値域**という．定義域がかかれていない場合は，$f(x)$ の値が存在するような x の値全体を定義域と考える．

定義域や値域を表す際は，つぎの**区間**の記号を用いることもある．$a < b$ を満たす実数 a, b に対して，区間 $a \leqq x \leqq b$ を $[a,b]$ と書いて，**有限閉区間**と呼び，区間 $a < x < b$ を (a,b) と書いて**有限開区間**と呼ぶ（**図 1.1**）．また，区間 $a \leqq x < b$，$a < x \leqq b$ をそれぞれ $[a,b)$，$(a,b]$ と表す．さらに，区間 $a < x$，$a \leqq x$，$x < b$，$x \leqq b$ をそれぞれ (a,∞)，$[a,\infty)$，$(-\infty,b)$，$(-\infty,b]$ と表し，実数全体は $(-\infty,\infty)$ と表す．

xy 平面内の点 P は**図 1.2** のように，実数 a, b の組 (a, b) で表すことができ

(ⅰ) 有限閉区間 $[a,b]$ (ⅱ) 有限開区間 (a,b)

図 1.1 区 間

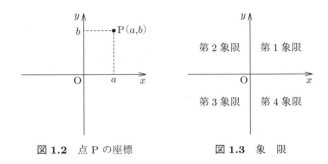

図 1.2 点 P の座標　　　　図 1.3 象　　限

る．この組 (a,b) を点 P の**座標**という．座標平面は，座標軸によって 4 つの部分に分けられる．その各部分を図 1.3 のように**第 1 象限，第 2 象限，第 3 象限，第 4 象限**と定める．また，関数 $y = f(x)$ において，定義域内の x に対し $(x, f(x))$ を座標とする点全体からなる図形を関数 $y = f(x)$ の**グラフ**という．

注意：有限開区間と座標は同じ記号だが，文脈を考えれば誤解のおそれはないであろう．

　定数 c に対して，関数 $y = c$ のグラフは点 $(0,c)$ を通り，x 軸に平行な直線である．このような関数を**定数関数**という．また，定数 a, b に対して，関数 $y = ax + b$ のグラフは傾きが a，y 切片が b の直線である．このような関数を 1 次関数という．

問　題　1.1

問 1. つぎの関数の（　）内の定義域に対する値域を求めよ．
　　(1)　$y = 3x + 5$　$(-1 \leq x \leq 5)$　　(2)　$y = x^2 + 1$　$(-3 \leq x \leq 1)$

問 2. つぎの関数のグラフをかけ．
　　(1)　$y = \begin{cases} 0 & (x \leq 0 \text{ のとき}) \\ 1 & (x > 0 \text{ のとき}) \end{cases}$　　(2)　$y = |x|$　　(3)　$y = |x-1|$

注意：実数 a に対して，$a \geq 0$ ならば a そのものを，$a < 0$ ならば $-a$ を a の**絶対値**といい，$|a|$ で表す．

1.2 べ き 関 数

自然数 n に対して $y = x^n$ の形で表される関数を**べき関数**という.特に,$y = x^2, y = x^3, y = x^4$ のグラフは,それぞれ図 **1.4**,図 **1.5**,図 **1.6** のようになる.いずれも基本的な関数なので,その概形を覚えておこう.

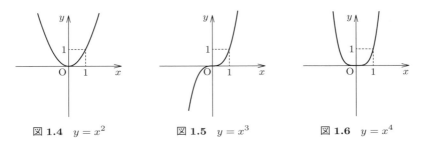

図 **1.4**　$y = x^2$　　　　図 **1.5**　$y = x^3$　　　　図 **1.6**　$y = x^4$

関数のグラフをある方向へ一定の長さだけずらすことをグラフの**平行移動**という.関数 $y = f(x)$ のグラフを x 軸方向に p,y 軸方向に q だけ平行移動したグラフを表す関数は $y - q = f(x - p)$ である.

例 1.1
(1) $y = (x - 2)^2$ のグラフは,$y = x^2$ のグラフを x 軸方向に 2 だけ平行移動したグラフである(図 **1.7**).
(2) $y - 2 = (x - 1)^3$ のグラフは,$y = x^3$ のグラフを x 軸方向に 1,y 軸方向に 2 だけ平行移動したグラフである(図 **1.8**).
(3) $y + 4 = (x - 3)^4$ のグラフは,$y = x^4$ のグラフを x 軸方向に 3,y 軸方向に -4 だけ平行移動したグラフである(図 **1.9**).

一般に,関数 $y = f(x)$ において,定義域内のすべての x に対して $f(-x) = f(x)$ が成り立つとき,$f(x)$ を**偶関数**という.また,定義域内のすべての x に対して $f(-x) = -f(x)$ が成り立つとき,$f(x)$ を**奇関数**という.$y = x^2$,$y = x^4$ は偶関数,$y = x^3$ は奇関数である.偶関数のグラフは y 軸に関して対称であり,

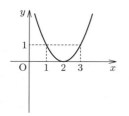 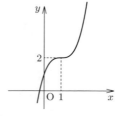 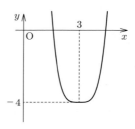

図 1.7　$y=(x-2)^2$　　図 1.8　$y-2=(x-1)^3$　　図 1.9　$y+4=(x-3)^4$

奇関数のグラフは原点に関して対称である．

例題 1.1　つぎの関数について，奇関数または偶関数かどうかを調べよ．
(1)　$f(x) = x^4 - 5x^2$　　(2)　$g(x) = \dfrac{x}{x^2+1}$
(3)　$h(x) = x^3 - x^2$

【解答】　(1)　$f(-x) = (-x)^4 - 5(-x)^2 = x^4 - 5x^2 = f(x)$ より，$f(x)$ は偶関数である．
(2)　$g(-x) = \dfrac{-x}{(-x)^2+1} = -\dfrac{x}{x^2+1} = -g(x)$ より，$g(x)$ は奇関数である．
(3)　$h(-x) = (-x)^3 - (-x)^2 = -x^3 - x^2$ であり，これは $h(x)$ でも $-h(x)$ でもないので，$h(x)$ は偶関数，奇関数のどちらでもない．　　◇

関数 $y = f(x)$ が，区間 I 内の任意の実数 x_1, x_2 $(x_1 < x_2)$ に対して，つねに $f(x_1) < f(x_2)$ を満たすとき，$f(x)$ は区間 I で**単調増加**の関数といい，つねに $f(x_1) > f(x_2)$ を満たすとき，$f(x)$ は区間 I で**単調減少**の関数という．例えば，$y = x^2$ は区間 $(-\infty, 0]$ で単調減少，区間 $[0, \infty)$ で単調増加である．また，$y = x^3$ は実数全体 $(-\infty, \infty)$ で単調増加である．

問　題　1.2

問 1.　つぎの関数のグラフをかけ．
　　(1)　$y = x^2 - 2x + 4$　　(2)　$y = x^3 + 3x^2 + 3x + 1$
　　(3)　$y = (x-1)(x+1)(x^2+1)$

問 2.　$y = 3x^2 - 4$ を x 軸方向に p，y 軸方向に q だけ平行移動したグラフの方程式

が $y = 3x^2 - 12x + 7$ であるとき，p, q の値を求めよ．

問 3. 2つの関数 $f(x)$, $g(x)$ について，つぎが成り立つことを示せ．

(1) $f(x)$, $g(x)$ が共に偶関数または共に奇関数ならば，積 $f(x)g(x)$ は偶関数である．

(2) $f(x)$, $g(x)$ のいずれか1つが奇関数，他方が偶関数ならば積 $f(x)g(x)$ は奇関数である．

1.3 分 数 関 数

$y = \dfrac{1}{x}$, $y = \dfrac{3x+2}{x-4}$ のように，x について分数式で表された関数を x の**分数関数**という．特に断りがない場合，分数関数の定義域は分母を0にしないすべての実数である．

k を0でない定数とするとき，反比例を表す分数関数 $y = \dfrac{k}{x}$ は奇関数なので，グラフは原点について対称であり，図 1.10，図 1.11 のようになる．

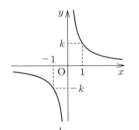

図 1.10　$y = \dfrac{k}{x}$ のグラフ $(k > 0)$

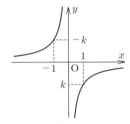

図 1.11　$y = \dfrac{k}{x}$ のグラフ $(k < 0)$

関数 $y = f(x)$ 上の点 P が原点から限りなく遠ざかるほどに，P とある直線 l との距離が限りなく0に近づくとき，この直線 l を $y = f(x)$ の**漸近線**という．関数 $y = \dfrac{k}{x}$ の漸近線は直線 $x = 0$ と $y = 0$ である．

一般に，分数関数 $y = \dfrac{ax+b}{cx+d}$ $(c \neq 0)$ は $y = \dfrac{k}{x-p} + q$ の形に変形することができる．これは，$y = \dfrac{k}{x}$ のグラフを x 軸方向に p, y 軸方向に q だけ平行移動したものなので，つぎのようにして $y = \dfrac{ax+b}{cx+d}$ のグラフを書くことができる．

例題 1.2 関数 $y = \dfrac{2x+1}{x-1}$ のグラフを書け．また，その漸近線を求めよ．

【解答】 与えられた関数は

$$y = \frac{2x+1}{x-1} = \frac{2(x-1)+3}{x-1} = \frac{3}{x-1} + 2$$

と変形できるから，$y = \dfrac{2x+1}{x-1}$ のグラフは $y = \dfrac{3}{x}$ のグラフを x 軸方向に 1，y 軸方向に 2 だけ平行移動したものである．したがって，グラフは図 **1.12** のようになり，漸近線は 2 直線 $x = 1$，$y = 2$ である．

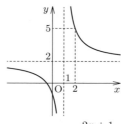

図 **1.12**　$y = \dfrac{2x+1}{x-1}$

◇

問 題　1.3

問 1. つぎの関数のグラフは，$y = \dfrac{2}{x}$ のグラフをどのように平行移動したものであるか答えよ．
(1)　$y = \dfrac{2}{x-3} + 2$　　(2)　$y = \dfrac{3x+2}{x}$　　(3)　$y = \dfrac{x-1}{x-3}$

問 2. $4 \leqq x \leqq 6$ のとき，関数 $y = \dfrac{4x+3}{x-3}$ の最大値，最小値を求めよ．

1.4　無 理 関 数

$\sqrt{x}$，$\sqrt{2x+1}$，$\sqrt{x^2+3}$ などのように，根号の中に文字を含む式を無理式といい，無理式で表される関数を**無理関数**という．特に断りがない場合，無理関数の定義域は根号の中を負にしない実数全体である．

a を正の定数とするとき，無理関数 $y = \sqrt{ax}$ のグラフは図 **1.13** のようになる．

一般に，関数 $y = f(x)$ に対して

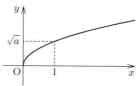

図 **1.13**　$y = \sqrt{ax}$ のグラフ

(1) $y = f(-x)$ のグラフは $y = f(x)$ のグラフと y 軸に関して対称
(2) $-y = f(x)$ のグラフは $y = f(x)$ のグラフと x 軸に関して対称
(3) $-y = f(-x)$ のグラフは $y = f(x)$ のグラフと原点に関して対称

である．この事実からつぎが得られる．

例 1.2 a は正の定数とする．
(1) $y = \sqrt{-ax}$ のグラフは，$y = \sqrt{ax}$ のグラフを y 軸に関して対称移動したグラフである（図 1.14）．
(2) $y = -\sqrt{ax}$ のグラフは，$y = \sqrt{ax}$ のグラフを x 軸に関して対称移動したグラフである（図 1.15）．
(3) $y = -\sqrt{-ax}$ のグラフは，$y = \sqrt{ax}$ のグラフを原点に関して対称移動したグラフである（図 1.16）．

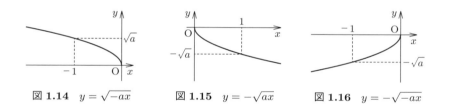

図 1.14 $y = \sqrt{-ax}$ 　　図 1.15 $y = -\sqrt{ax}$ 　　図 1.16 $y = -\sqrt{-ax}$

問　題　1.4

問 1. つぎの関数のグラフをかけ．
(1) $y = \sqrt{2x+3}$ 　　(2) $y = 2\sqrt{x+5}$ 　　(3) $y = -\sqrt{2x+4} + 3$

問 2. $y = \sqrt{x-a} + b$ のグラフを原点に関して対称移動し，x 軸方向に 5，y 軸方向に 8 だけ平行移動すると，$y = -\sqrt{3-x} + 4$ が得られた．このとき，a, b の値を求めよ．

1.5 逆関数

関数 $f(x)$ の定義域を A，値域を B とする．B に含まれる y の値に対して，

$y = f(x)$ を満たす x の値が A の中にただ1つ定まるとき,x は y の関数 $x = g(y)$ と考えられる.ここで,x と y を入れ替えてできる関数 $y = g(x)$ を $y = f(x)$ の**逆関数**といい,$g(x) = f^{-1}(x)$ と表す.つまり

$$y = f(x) \iff x = f^{-1}(y) \tag{1.1}$$

である.

注意:$f^{-1}(x)$ と $\dfrac{1}{f(x)} = \{f(x)\}^{-1}$ は異なる意味なので注意が必要である.

例 1.3 $f(x) = 2x + 3$ とし,$y = f(x)$ とおく.このとき $x = \dfrac{1}{2}y - \dfrac{3}{2}$ であり,y の値を決めると x の値がただ1つ決まる.よって,x と y を入れ替えた $y = \dfrac{1}{2}x - \dfrac{3}{2}$ が $y = 2x + 3$ の逆関数で,$f^{-1}(x) = \dfrac{1}{2}x - \dfrac{3}{2}$ となる.また,グラフは図 **1.17** のようになる.

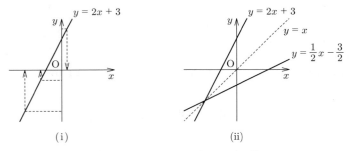

図 **1.17** $y = 2x + 3$ とその逆関数

関数 $y = x^2$ においては,例えば $x^2 = 9$ を満たす x は 3 と -3 のように 2 個存在するので,逆関数を考えることができない.しかし,つぎの例題のように定義域に制限をつけることで,逆関数を考えることができる場合もある.

例題 1.3 関数 $y = x^2$ $(x \geqq 2)$ の逆関数を求め,そのグラフをかけ.

【解答】 定義域，値域はそれぞれ $x \geq 2$, $y \geq 4$ である．いま，x は正であるから，$y = x^2$ を x について解くと

$$x = \sqrt{y}$$

であり，y の値に対して x の値がただ 1 つ定まるので，逆関数を考えることができる．よって，求める逆関数は x と y を入れ替えて

$$y = \sqrt{x}$$

であり，その定義域は $x \geq 4$ である．またグラフは図 **1.18** のようになる．

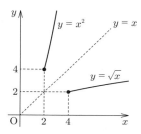

図 **1.18** $y = x^2$ $(x \geq 2)$ とその逆関数

◇

逆関数が存在するための十分条件として，つぎの定理が知られている．

定理 1.1 関数 $y = f(x)$ が区間 I において単調増加な関数（または単調減少な関数）とするとき，逆関数 $y = f^{-1}(x)$ が存在して，逆関数も単調増加な関数（または単調減少な関数）となる．

一般に，逆関数をもつ関数 $f(x)$ の定義域を A，値域を B とするとき，逆関数 $f^{-1}(x)$ の定義域は B，値域は A となる．すなわち，$f(x)$ と $f^{-1}(x)$ とでは，定義域と値域が入れ替わる．また，$y = f(x)$ のグラフと $y = f^{-1}(x)$ のグラフは，直線 $y = x$ に関して対称である．

問　題　1.5

問 1． つぎの関数の逆関数を求め，そのグラフをかけ．

(1) $y = \sqrt{-x}$ 　　(2) $y = \dfrac{2x - 3}{-x + 2}$ $(0 < x \leq 1.8)$

1.6 三角関数

1.6.1 一般角

平面上で半直線 OP を半直線 OX に重なる位置から回転させて，∠XOP を作る．このとき，OX を**始線**，OP を**動径**という．また，反時計回りの向きを正の向き，正の向きの回転の角を正の角といい，$+60°$，$+240°$（または単に $60°$，$240°$）のように表す．同様に時計回りの向きを負の向き，負の向きの回転の角を負の角といい，$-45°$，$-120°$のように表す（**図 1.19**）．さらに，$360°$ より大きい回転の角も考える（**図 1.20**）．例えば，負の向きに 1 回転半した場合，この回転の角は $-540°$ である．このように拡張して考えた角を**一般角**という．動径は 1 回転すると元の位置に戻るので，動径 OP と始線 OX のなす角の 1 つを α とするとき，動径 OP の表す角は

$$\alpha + 360° \times n \qquad (n \text{ は整数}) \tag{1.2}$$

と表される．

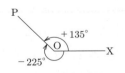
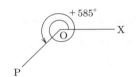

図 1.19 正の角と負の角　　図 1.20 $360°$ より大きい回転角

1.6.2 弧度法

点 O を中心とし半径 1 の円の弧 AB の長さが 1 であるとき，中心角 ∠AOB の大きさを **1 ラジアン**と定める（**図 1.21**）．半径 1 の円周の長さは 2π なので $360° = 2\pi$ ラジアンである．このような角の表し方を**弧度法**という．通常，弧度法では単位のラジアンを省略して書く．

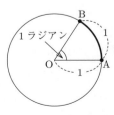

図 1.21 1 ラジアン

1.6.3 一般角の三角関数

座標平面上で,原点 O を中心とし,半径 1 の円 C を考える(これを**単位円**という).x 軸の正の方向を始線とし,一般角が θ である動径と円 C の交点を P(x,y) とするとき

$$x = \cos\theta, \quad y = \sin\theta, \quad \frac{y}{x} = \tan\theta$$

と定義する.ただし,点 P の x 座標が 0 であるときの $\tan\theta$ の値は定義しない.また,$\sin\theta$,$\cos\theta$,$\tan\theta$ の逆数を

$$\operatorname{cosec}\theta = \frac{1}{\sin\theta},\ \sec\theta = \frac{1}{\cos\theta},\ \cot\theta = \frac{1}{\tan\theta}$$

と定義し,それぞれ**コセカント**,**セカント**,**コタンジェント**という.これらをまとめて**三角関数**という(図 1.22).

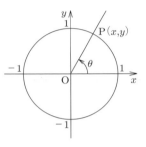

図 1.22 三角関数

1.6.4 三角関数の性質

三角関数を扱う際によく用いる公式をまとめておく.これらの公式は三角関数の定義からただちに導かれるものである.

定理 1.2

(1) 三角関数の基本関係

$$\sin^2\theta + \cos^2\theta = 1, \quad \tan\theta = \frac{\sin\theta}{\cos\theta}, \quad 1 + \tan^2\theta = \frac{1}{\cos^2\theta} = \sec^2\theta$$

(2) 三角関数の周期性(n は整数)

$$\sin(\theta + 2n\pi) = \sin\theta, \quad \cos(\theta + 2n\pi) = \cos\theta, \quad \tan(\theta + 2n\pi) = \tan\theta$$

(3) 負角の公式

$$\sin(-\theta) = -\sin\theta, \quad \cos(-\theta) = \cos\theta, \quad \tan(-\theta) = -\tan\theta$$

(4) 余角の公式

$$\sin\left(\frac{\pi}{2} - \theta\right) = \cos\theta, \quad \cos\left(\frac{\pi}{2} - \theta\right) = \sin\theta$$

$$\tan\left(\frac{\pi}{2} - \theta\right) = \frac{1}{\tan\theta} = \cot\theta$$

(5) 補角の公式

$$\sin(\pi - \theta) = \sin\theta, \quad \cos(\pi - \theta) = -\cos\theta, \quad \tan(\pi - \theta) = -\tan\theta$$

1.6.5 三角関数のグラフ

三角関数の定義から，$y = \sin x$，$y = \cos x$，$y = \tan x$ のグラフはそれぞれつぎのようになることがわかる（図 **1.23**，図 **1.24**，図 **1.25**）．

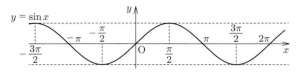

図 **1.23** $y = \sin x$ のグラフ

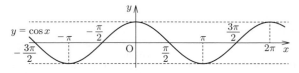

図 **1.24** $y = \cos x$ のグラフ

関数 $f(x)$ と定数 $p \neq 0$ について，すべての x に対して等式

$$f(x + p) = f(x)$$

が成り立つとき，$f(x)$ を周期 p の**周期関数**という（通常はこの等式を満たす p の

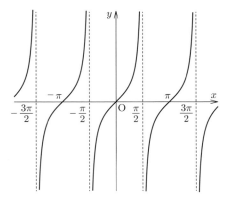

図 **1.25** $y = \tan x$ のグラフ

うちで最小のものを**周期**という）．したがって，$y = \sin x$, $y = \cos x$ は周期 2π の周期関数，$y = \tan x$ は周期 π の周期関数である．また，等式 $\sin(-\theta) = -\sin\theta$, $\cos(-\theta) = \cos\theta$, $\tan(-\theta) = -\tan\theta$ が成り立つので，$y = \sin x$, $y = \tan x$ は奇関数，$y = \cos x$ は偶関数である．

一般に，A, B を正の定数とするとき，$\dfrac{y}{B} = f\left(\dfrac{x}{A}\right)$ のグラフは $y = f(x)$ のグラフを原点を中心として，x 軸方向に A 倍，y 軸方向に B 倍したグラフとなることが知られている．

例 1.4

(1)　$y = \sin \dfrac{x}{2}$ は，$y = \sin x$ のグラフを原点を中心として x 軸方向に 2 倍拡大したグラフなので，図 **1.26** のようになる．

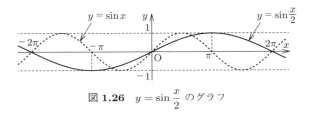

図 **1.26**　$y = \sin \dfrac{x}{2}$ のグラフ

(2)　$y = 2\cos x$ は，$y = \cos x$ のグラフを原点を中心として，y 軸方向に 2 倍拡大したグラフなので，図 **1.27** のようになる．

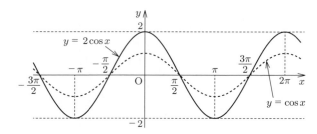

図 **1.27** $y = 2\cos x$ のグラフ

1.6.6 加法定理とその派生公式

2つの角の和や差の三角関数の値については，つぎの加法定理が成り立ち，それぞれの角の三角関数の値で表すことができる．

定理 1.3 つぎの等式を三角関数の**加法定理**という．

$$\sin(\alpha + \beta) = \sin\alpha\cos\beta + \cos\alpha\sin\beta \tag{1.3}$$

$$\sin(\alpha - \beta) = \sin\alpha\cos\beta - \cos\alpha\sin\beta \tag{1.4}$$

$$\cos(\alpha + \beta) = \cos\alpha\cos\beta - \sin\alpha\sin\beta \tag{1.5}$$

$$\cos(\alpha - \beta) = \cos\alpha\cos\beta + \sin\alpha\sin\beta \tag{1.6}$$

$$\tan(\alpha + \beta) = \frac{\tan\alpha + \tan\beta}{1 - \tan\alpha\tan\beta} \tag{1.7}$$

$$\tan(\alpha - \beta) = \frac{\tan\alpha - \tan\beta}{1 + \tan\alpha\tan\beta} \tag{1.8}$$

式 (1.3)，(1.5)，(1.7) において $\beta = \alpha$ とおくと，つぎの **2倍角の公式**が得られる．

$$\sin 2\alpha = 2\sin\alpha\cos\alpha \tag{1.9}$$

$$\cos 2\alpha = \cos^2\alpha - \sin^2\alpha = 1 - 2\sin^2\alpha = 2\cos^2\alpha - 1 \tag{1.10}$$

$$\tan 2\alpha = \frac{2\tan\alpha}{1 - \tan^2\alpha} \tag{1.11}$$

式 (1.3), (1.5) において $\beta = 2\alpha$ とし，さらに 2 倍角の公式を適用すると，つぎの **3 倍角の公式**を得る．

$$\sin 3\alpha = 3\sin\alpha - 4\sin^3\alpha \tag{1.12}$$

$$\cos 3\alpha = 4\cos^3\alpha - 3\cos\alpha \tag{1.13}$$

式 (1.10) より，$\sin^2\alpha = \dfrac{1-\cos 2\alpha}{2}$，$\cos^2\alpha = \dfrac{1+\cos 2\alpha}{2}$ と書ける．ここで，$\alpha = \dfrac{\theta}{2}$ とおくことで得られるつぎの式を**半角の公式**という．

$$\sin^2\frac{\theta}{2} = \frac{1-\cos\theta}{2} \tag{1.14}$$

$$\cos^2\frac{\theta}{2} = \frac{1+\cos\theta}{2} \tag{1.15}$$

さらに，式 (1.3) と式 (1.4) の辺々を足すことにより

$$\sin\alpha\cos\beta = \frac{1}{2}\{\sin(\alpha+\beta) + \sin(\alpha-\beta)\} \tag{1.16}$$

式 (1.3) と式 (1.4) の辺々を引くことにより

$$\cos\alpha\sin\beta = \frac{1}{2}\{\sin(\alpha+\beta) - \sin(\alpha-\beta)\} \tag{1.17}$$

式 (1.5) と式 (1.6) の辺々を足すことにより

$$\cos\alpha\cos\beta = \frac{1}{2}\{\cos(\alpha+\beta) + \cos(\alpha-\beta)\} \tag{1.18}$$

式 (1.5) と式 (1.6) の辺々を引くことにより

$$\sin\alpha\sin\beta = -\frac{1}{2}\{\cos(\alpha+\beta) - \cos(\alpha-\beta)\} \tag{1.19}$$

を得る．これらを**積を和に直す公式**と呼ぶ．また，式 (1.16)〜(1.19) において，$\alpha+\beta = A$，$\alpha-\beta = B$ とおくと，つぎの等式

$$\sin A + \sin B = 2\sin\frac{A+B}{2}\cos\frac{A-B}{2} \tag{1.20}$$

$$\sin A - \sin B = 2\cos\frac{A+B}{2}\sin\frac{A-B}{2} \tag{1.21}$$

$$\cos A + \cos B = 2\cos\frac{A+B}{2}\cos\frac{A-B}{2} \tag{1.22}$$

$$\cos A - \cos B = -2\sin\frac{A+B}{2}\sin\frac{A-B}{2} \tag{1.23}$$

が得られる．これらを**和を積に直す公式**と呼ぶ．

座標平面上に原点でない点 $P(a,b)$ をとり，線分 OP と x 軸の正の向きのなす角を α とする（図 **1.28**）．このとき，三角関数の定義より

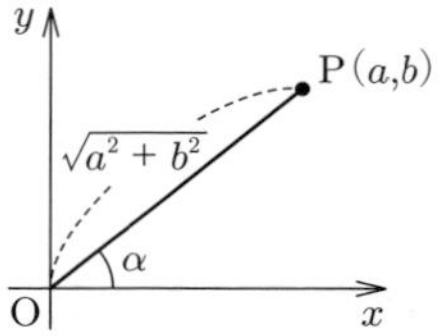

$$\cos\alpha = \frac{a}{\sqrt{a^2+b^2}}, \quad \sin\alpha = \frac{b}{\sqrt{a^2+b^2}}$$

図 **1.28** 合成公式

であるから，加法定理を用いて

$$a\sin\theta + b\cos\theta = \sqrt{a^2+b^2}\,(\cos\alpha\sin\theta + \sin\alpha\cos\theta)$$
$$= \sqrt{a^2+b^2}\,\sin(\theta+\alpha) \tag{1.24}$$

を得る．これを三角関数の**合成公式**という．

問 題　1.6

問 1. つぎの関数の周期を求め，グラフをかけ．
　　(1)　$y = 2\cos\dfrac{x}{2}$　　(2)　$y = \sin\left(2x+\dfrac{\pi}{3}\right)$　　(3)　$y = \sin(-2x+\pi)+1$

問 2.　$\sin\dfrac{7}{12}\pi$ の値を求めよ．

問 3.　θ が第 2 象限の角で，$\cos\alpha = -\dfrac{4}{5}$ のとき，$\cos 2\alpha$，$\sin 2\alpha$ の値を求めよ．

問 4.　つぎの式を 2 つの三角関数の和または差の形になおせ．
　　(1)　$\sin 3\theta\cos\theta$　　(2)　$\cos 3\theta\cos 2\theta$　　(3)　$\sin 5\theta\sin 2\theta$

問 5.　$y = \sin x - \cos x$ のグラフを描き，その最大値と最小値およびそのときの x の値を求めよ．ただし，$0 \leqq x \leqq \pi$ とする．

1.7 指数関数

1.7.1 指数の拡張と指数法則

実数 a と自然数 n に対して

$$a^n = \underbrace{a \times a \times \cdots \times a}_{n \text{ 個}} \tag{1.25}$$

と定める．$a^1, a^2, \cdots, a^n, \cdots$ をまとめて a の**累乗**といい，a^n における n を累乗の**指数**という．また，指数が 0，負の整数の場合をそれぞれ

$$a^0 = 1, \quad a^{-n} = \frac{1}{a^n} \tag{1.26}$$

と定める．

実数 a と自然数 n に対して，n 乗すると a になる数を a の **n 乗根**という．2 乗根，3 乗根，4 乗根，$\cdots$ をまとめて**累乗根**という．n が奇数のとき，a の n 乗根はただ 1 つ存在し，それを $\sqrt[n]{a}$ と表す．n が偶数のときは，$a > 0$ のときのみ正と負の 2 つの n 乗根が存在し，それぞれ $\sqrt[n]{a}$，$-\sqrt[n]{a}$ と表す．

以下では $a > 0$ とし，累乗の指数を有理数や無理数に拡張しよう．有理数とは，整数 m と 0 でない整数 n を用いて $\dfrac{m}{n}$ の形で表される数のことであった．この有理数 $\dfrac{m}{n}$ に対して

$$a^{\frac{m}{n}} = \sqrt[n]{a^m} = (\sqrt[n]{a})^m \tag{1.27}$$

と定める．無理数 x に対しては，x に収束する有理数の数列 $\{p_n\}$ を用いて（このような $\{p_n\}$ は必ず存在することが知られている）

$$a^x = \lim_{n \to \infty} a^{p_n} \tag{1.28}$$

と定める．例えば，$\sqrt{2} = 1.414213\cdots$ であるから，$3^{\sqrt{2}}$ は

$$3^1, \quad 3^{1.4}, \quad 3^{1.41}, \quad 3^{1.414}, \quad 3^{1.4142}, \quad 3^{1.41421}, \quad \cdots$$

の極限として定義される．

以上により，指数が実数の場合まで拡張された．これらを計算する際は，つぎの指数法則が基本となる．

定理 1.4　（指数法則）　a, b を正の数とするとき，任意の実数 x, y に対して
(1)　$a^x a^y = a^{x+y}$　　(2)　$(a^x)^y = a^{xy}$　　(3)　$(ab)^x = a^x b^x$
が成り立つ．

1.7.2　指数関数とそのグラフ

$a > 0$, $a \neq 1$ とするとき，$y = a^x$ で表される関数を a を底とする**指数関数**という．指数関数のグラフはつぎの図 1.29, 図 1.30 のようになる．

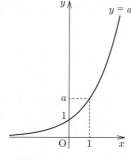 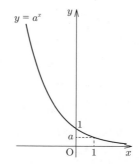

図 1.29　$a > 1$ のとき　　　図 1.30　$0 < a < 1$ のとき

ここで，指数関数 $y = a^x$ $(a > 0, a \neq 1)$ の性質をまとめておこう．
(1)　定義域は実数全体で，値域は正の実数全体である．
(2)　グラフは点 $(0, 1)$, $(1, a)$ を通り，x 軸が漸近線である．
(3)　$a > 1$ のとき単調増加関数で，$0 < a < 1$ のとき単調減少関数である．

問　題　1.7

問 1. つぎの値を求めよ．
(1) $125^{\frac{2}{3}}$ (2) $3^{\frac{2}{3}} \times 3^{\frac{1}{3}}$ (3) $5^{\frac{9}{4}} \div 5^{\frac{1}{4}}$ (4) $\sqrt[6]{25} \times \sqrt[3]{25}$

問 2. つぎの関数のグラフを書け．
(1) $y = 2^{2-x}$ (2) $y = 4^x + 1$

1.8　対　数　関　数

1.8.1　対数の定義と性質

$a > 0$, $a \neq 1$ とするとき，$y = a^x$ のグラフからわかるように，任意の正の実数 M に対して，$a^p = M$ を満たす実数 p がただ 1 つ存在する（図 **1.31**）．

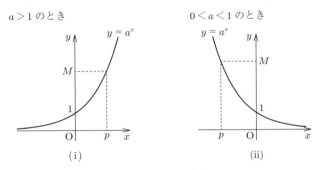

図 **1.31**　対数の存在

この p を a を底とする M の **対数** といい，$\log_a M$ と書く．また，M を $\log_a M$ の **真数** という．つまり，指数と対数にはつぎのような関係がある．

$a > 0$, $a \neq 1$, $M > 0$ のとき

$$a^p = M \iff p = \log_a M \qquad (1.29)$$

対数を計算する際は，つぎの対数法則が基本となる．

定理 1.5 （対数法則） r は実数, a, b, c, M, N は正の数で, $a \neq 1$, $c \neq 1$ のとき

(1) $\log_a 1 = 0$ (2) $\log_a a = 1$ (3) $a^{\log_a M} = M$

(4) $\log_a M + \log_a N = \log_a MN$ (5) $\log_a M - \log_a N = \log_a \dfrac{M}{N}$

(6) $\log_a M^r = r \log_a M$ (7) $\log_a b = \dfrac{\log_c b}{\log_c a}$ （底の変換公式）

1.8.2 対数関数とそのグラフ

$a > 0$, $a \neq 1$ とするとき, $y = \log_a x$ で表される関数を a を底とする**対数関数**という. 対数関数 $y = \log_a x$ について, 対数の定義から $x = a^y$ であり, x と y を入れ替えると $y = a^x$ が得られる. よって, 対数関数 $y = \log_a x$ は指数関数 $y = a^x$ の逆関数である. したがって, $y = \log_a x$ のグラフは $y = a^x$ のグラフと $y = x$ に関して対称となる（図 **1.32**, 図 **1.33**）.

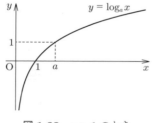
図 **1.32** $a > 1$ のとき

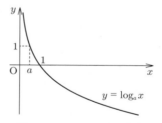
図 **1.33** $0 < a < 1$ のとき

ここで, 対数関数 $y = \log_a x$ の性質をまとめておこう.
(1) 定義域は $x > 0$ で, 値域は実数全体である.
(2) グラフは点 $(1, 0)$, $(a, 1)$ を通り, y 軸が漸近線である.
(3) $a > 1$ のとき単調増加関数で, $0 < a < 1$ のとき単調減少関数である.
(4) $y = a^x$ のグラフと $y = x$ に関して対称である.

問題 1.8

問 1. つぎの式を満たす x の値を求めよ．
(1) $\log_4 x = 2$ (2) $\log_x 8 = 3$ (3) $\log_{\sqrt{6}} 216 = x$

問 2. つぎの値を求めよ．
(1) $\log_2 32$ (2) $\log_7 7$ (3) $\log_5 \sqrt[3]{5}$ (4) $\log_{10} 1$
(5) $\log_{10} 5 + \log_{10} 2$ (6) $\log_8 16 - \log_8 2$ (7) $\log_8 4$
(8) $\log_9 27$

問 3. つぎの関数のグラフを描け．
(1) $y = \log_3(x+4)$ (2) $y = -\log_5 x$ (3) $y = \log_2(4-x)$

1.9 逆三角関数

$y = \sin x$ のグラフからわかるように，定義域を $-\dfrac{\pi}{2} \leqq x \leqq \dfrac{\pi}{2}$ に制限すると，$-1 \leqq a \leqq 1$ を満たす実数 a に対して，$a = \sin b$ を満たす実数 b がただ 1 つ存在する．したがって，$f(x) = \sin x$ の逆関数が存在する．これを $f^{-1}(x) = \sin^{-1} x$ と表し，**アークサインエックス**と読む．つまり

$$y = \sin x \ \left(-\frac{\pi}{2} \leqq x \leqq \frac{\pi}{2}\right) \Longleftrightarrow x = \sin^{-1} y \ (-1 \leqq y \leqq 1) \quad (1.30)$$

である．また，$y = \sin^{-1} x$ のグラフは $y = \sin x$ のグラフと $y = x$ に関して対称なので，図 **1.34** のようになる．

注意：$\sin^{-1} x$ と $(\sin x)^{-1} = \dfrac{1}{\sin x}$ は異なるものであることに注意する．

同様に，$f(x) = \cos x$ について定義域を $0 \leqq x \leqq \pi$ に制限すると $f^{-1}(x)$ を考えることができる．これを $f^{-1}(x) = \cos^{-1} x$ と表し，**アークコサインエックス**と読む．つまり

$$y = \cos x \ (0 \leqq x \leqq \pi) \Longleftrightarrow x = \cos^{-1} y \ (-1 \leqq y \leqq 1) \quad (1.31)$$

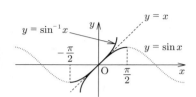
図 1.34　$y = \sin^{-1} x$ のグラフ

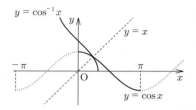
図 1.35　$y = \cos^{-1} x$ のグラフ

である．また，$y = \cos^{-1} x$ のグラフは $y = \cos x$ のグラフと $y = x$ に関して対称なので，図 1.35 のようになる．

さらに，$f(x) = \tan x$ については，定義域を $-\dfrac{\pi}{2} < x < \dfrac{\pi}{2}$ に制限すると $f^{-1}(x)$ を考えることができる．これを $f^{-1}(x) = \tan^{-1} x$ と表し，**アークタンジェントエックス**と読む．つまり

$$y = \tan x \quad \left(-\frac{\pi}{2} < x < \frac{\pi}{2}\right) \iff x = \tan^{-1} y \tag{1.32}$$

である．また，$y = \tan^{-1} x$ のグラフは $y = \tan x$ のグラフと $y = x$ に関して対称なので，図 1.36 のようになる．

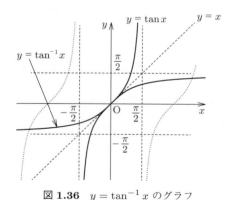
図 1.36　$y = \tan^{-1} x$ のグラフ

$\sin^{-1} x$, $\cos^{-1} x$, $\tan^{-1} x$ をまとめて**逆三角関数**という．

例 1.5

(1) $\sin \dfrac{\pi}{6} = \dfrac{1}{2}$ であるから，$\sin^{-1} \dfrac{1}{2} = \dfrac{\pi}{6}$ である．

(2)　$\cos\dfrac{\pi}{6} = \dfrac{\sqrt{3}}{2}$ であるから，$\cos^{-1}\dfrac{\sqrt{3}}{2} = \dfrac{\pi}{6}$ である．

(3)　$\tan\left(-\dfrac{\pi}{6}\right) = -\dfrac{1}{\sqrt{3}}$ であるから，$\tan^{-1}\left(-\dfrac{1}{\sqrt{3}}\right) = -\dfrac{\pi}{6}$ である．

問　題　1.9

問 1.　つぎの値を求めよ．
(1)　$\sin^{-1}(-1)$　　(2)　$\sin^{-1}\dfrac{1}{\sqrt{2}}$　　(3)　$\cos^{-1}0$
(4)　$\cos^{-1}\left(-\dfrac{1}{\sqrt{2}}\right)$　　(5)　$\tan^{-1}(-\sqrt{3})$　　(6)　$\tan^{-1}(-1)$

問 2.　つぎの等式を証明せよ．
(1)　$\cos^{-1}\dfrac{63}{65} + \cos^{-1}\dfrac{12}{13} = \sin^{-1}\dfrac{3}{5}$
(2)　$\sin\left(2\sin^{-1}\dfrac{1}{3} - \cos^{-1}\dfrac{1}{3}\right) = -\dfrac{10\sqrt{2}}{27}$

2 微分

2.1 関数の極限

微分に必要となる極限について，多項式を例にとりながらやや詳しく調べることにする．

定義 2.1 実数 a に対して x が a という値をとらずに a に限りなく近づくとき，$x \to a$ とかく．

定義 2.2 関数 $y = f(x)$ について $x \to a$ であるとき，その近づき方によらず $f(x)$ の値が一定の値 α に限りなく近づくならば，α を $x \to a$ のときの $f(x)$ の**極限値**といい

$$x \to a \text{ ならば } f(x) \to \alpha \tag{2.1}$$

または

$$\lim_{x \to a} f(x) = \alpha \tag{2.2}$$

と表す．このとき，$\lim_{x \to a} f(x)$ は**収束**するまたは**存在**するという．

例えば，関数 $2x+3$ は x が 1 に近づくとき 5 に近づくので，$\lim_{x \to 1}(2x+3) = 5$ となる．同様に $\lim_{x \to 2}(x^2 - x + 1) = 3$ である．

2つの関数 $f(x)$, $g(x)$ についてつぎの定理が成立する.

定理 2.1 $\lim_{x \to a} f(x) = \alpha$, $\lim_{x \to a} g(x) = \beta$ のとき

(1) $\lim_{x \to a} (f(x) + g(x)) = \alpha + \beta$ (2.3)

(2) $\lim_{x \to a} f(x)g(x) = \alpha\beta$ (2.4)

(3) $\lim_{x \to a} \dfrac{f(x)}{g(x)} = \dfrac{\alpha}{\beta}$ ($\beta \neq 0$ のとき) (2.5)

証明は極限に対する別の定義(イプシロン・デルタ論法によるもの)を用いれば示すことができるが,ここでは省略する. $\lim_{x \to a} f(x)$ について, $f(x)$ が多項式関数,分数関数,三角関数,指数関数,対数関数などの場合, a が定義域内の点であれば $\lim_{x \to a} f(x) = f(a)$ としてよい.

例 2.1

(1) $\lim_{x \to 2} (x+1)(x-3) = 3(-1) = -3$

(2) $\lim_{x \to 1} \dfrac{x-3}{x^2+2} = -\dfrac{2}{3}$

つぎに ∞ (無限大)の概念を導入しよう.

定義 2.3

(1) $x \to a$ のとき $f(x)$ の値が限りなく大きくなるならば $\lim_{x \to a} f(x) = \infty$ とかき, $x \to a$ のとき $f(x)$ は**正の無限大に発散する**という.

(2) $x \to a$ のとき $f(x)$ の値が負で,その絶対値が限りなく大きくなるならば $\lim_{x \to a} f(x) = -\infty$ とかき, $x \to a$ のとき $f(x)$ は**負の無限大に発散する**という.

$\lim_{x \to a} f(x) = \infty$, $\lim_{x \to a} f(x) = -\infty$ を, $x \to a$ のとき $f(x)$ の極限がそれぞれ ∞, $-\infty$ であるともいう.

例 2.2

(1) $\displaystyle\lim_{x\to 0}\frac{1}{x^2}=\infty$

(2) $\displaystyle\lim_{x\to 2}\left\{-\frac{1}{(x-2)^2}\right\}=-\infty$

定義 2.4

(1) x の値が限りなく大きくなることを $x\to\infty$ とかき，$x\to\infty$ のとき関数 $f(x)$ が一定値 α に限りなく近づくならば $\displaystyle\lim_{x\to\infty}f(x)=\alpha$ とかく．この値 α を $x\to\infty$ のときの $f(x)$ の**極限値**という．

(2) x が負の値をとりながらその絶対値が限りなく大きくなることを $x\to-\infty$ とかき，$x\to-\infty$ のとき関数 $f(x)$ が一定値 α に限りなく近づくならば $\displaystyle\lim_{x\to-\infty}f(x)=\alpha$ とかく．この値 α を $x\to-\infty$ のときの $f(x)$ の**極限値**という．

つぎのことが成り立つ．証明はほとんど明らかであろう．

定理 2.2 自然数 n について

$$\lim_{x\to\infty}\frac{1}{x^n}=0,\quad \lim_{x\to-\infty}\frac{1}{x^n}=0 \tag{2.6}$$

定理 2.1 の極限の性質は，$x\to\infty$，$x\to-\infty$ のときにも成立する．また，$\displaystyle\lim_{x\to\infty}f(x)=\infty$, $\displaystyle\lim_{x\to\infty}f(x)=-\infty$, $\displaystyle\lim_{x\to-\infty}f(x)=\infty$, $\displaystyle\lim_{x\to-\infty}f(x)=-\infty$ の意味も同様に定義する．

例 2.3
$$\begin{aligned}\lim_{x\to\infty}(2x^2-x+1)&=\lim_{x\to\infty}x^2\left(2-\frac{1}{x}+\frac{1}{x^2}\right)\\ &=\lim_{x\to\infty}x^2\lim_{x\to\infty}\left(2-\frac{1}{x}+\frac{1}{x^2}\right)\\ &=\infty\end{aligned}$$

定理 2.2 を用いるとつぎの形の極限を求めることが可能である．

例題 2.1 $\displaystyle\lim_{x\to\infty}\frac{2x^2-x+1}{3x^2+x+3}$ を求めよ．

【解答】 例 2.3 と同様に考えると

$$\lim_{x\to\infty}\frac{2x^2-x+1}{3x^2+x+3}=\lim_{x\to\infty}\frac{x^2\left(2-\dfrac{1}{x}+\dfrac{1}{x^2}\right)}{x^2\left(3+\dfrac{1}{x}+\dfrac{3}{x^2}\right)}=\frac{2}{3} \qquad \diamondsuit$$

注意：$f(x)$, $g(x)$ が多項式で $g(x)$ の次数が n とする．このとき，$\displaystyle\lim_{x\to\infty}\frac{f(x)}{g(x)}$ を求めるには，$f(x)$, $g(x)$ を x^n で割ればよいことがわかる．

式 (2.5) から β が 0 でなければ，$\displaystyle\lim_{x\to a}\frac{f(x)}{g(x)}$ の値は $\dfrac{\alpha}{\beta}$ である．では $\beta=0$ のときを考えよう．

〔1〕 $\displaystyle\lim_{x\to a}f(x)=\alpha=0$ **の場合** このときには，$\displaystyle\lim_{x\to a}\frac{f(x)}{g(x)}$ を $\dfrac{0}{0}$ 型の**不定形**ということにする．例えば，$\displaystyle\lim_{x\to 1}\frac{x^2+x-2}{x-1}$, $\displaystyle\lim_{x\to 0}\frac{x}{x^2+x}$ などである．

例題 2.2 $\displaystyle\lim_{x\to 1}\frac{x^2+x-2}{x-1}$ を求めよ．

【解答】 関数 $y=\dfrac{x^2+x-2}{x-1}$ は，$x=1$ のとき分母の値が 0 となり定義されない．$x\neq 1$ となる x については，$y=\dfrac{(x-1)(x+2)}{x-1}$ と分子は因数分解可能となるので，$x\neq 1$ ではこの関数は $y=x+2$ と同じものであるとみなすことができる．この場合，$x\to 1$ ならば $x+2\to 3$ となる．これを式にまとめてかくと

$$\lim_{x\to 1}\frac{x^2+x-2}{x-1}=\lim_{x\to 1}\frac{(x-1)(x+2)}{x-1}=\lim_{x\to 1}(x+2)=3 \qquad \diamondsuit$$

例題 2.3 $\displaystyle\lim_{x\to 1}\frac{x^2-3x+2}{x^2-1}$ を求めよ．

【解答】 例題 2.2 と同じように

$$\lim_{x\to 1}\frac{(x-1)(x-2)}{(x-1)(x+1)}=\lim_{x\to 1}\frac{x-2}{x+1}$$
$$=-\frac{1}{2} \qquad \diamondsuit$$

上の例題のように $f(x)$, $g(x)$ が多項式のとき，$\lim_{x \to a} f(x) = \lim_{x \to a} g(x) = 0$ ならば，$f(a) = g(a) = 0$ となるので，因数定理より

$$f(x) = (x-a)f_1(x),\ g(x) = (x-a)g_1(x)$$

と表せる．このとき

$$\lim_{x \to a} \frac{f(x)}{g(x)} = \lim_{x \to a} \frac{f_1(x)}{g_1(x)}$$

により極限値が求められる．

〔2〕 $\lim_{x \to a} f(x) = \alpha \neq 0$ の場合　　この場合にはつぎの定義が必要となる．

定義 2.5

(1) 変数 x が a より大きい値をとりながら a に限りなく近づくとき，$x \to a+0$ と表す．$x \to a+0$ のとき，$f(x)$ の値が一定の値 α に限りなく近づくならば，α を $x \to a+0$ のときの**右側極限**といい，$\lim_{x \to a+0} f(x) = \alpha$ とかく．

(2) 変数 x が a より小さい値をとりながら a に限りなく近づくとき，$x \to a-0$ と表す．$x \to a-0$ のとき，$f(x)$ の値が一定の値 α に限りなく近づくならば，α を $x \to a-0$ のときの**左側極限**といい，$\lim_{x \to a-0} f(x) = \alpha$ とかく．

特に $x \to 0+0$, $x \to 0-0$ をそれぞれ $x \to +0$, $x \to -0$ と略記する．右側極限，左側極限が ∞ や $-\infty$ になる場合も同様に表す．

関数 $f(x)$ において，$\lim_{x \to a} f(x) = \alpha$（一定値），$\lim_{x \to a} f(x) = \infty$, $\lim_{x \to a} f(x) = -\infty$ のいずれでもない場合，$x \to a$ のときの $f(x)$ の極限はないという．右側極限，左側極限がともに存在しても，$\lim_{x \to a+0} f(x) \neq \lim_{x \to a-0} f(x)$ ならば，$\lim_{x \to a} f(x)$ はない．また

$$\lim_{x \to a} f(x) = \alpha \iff \lim_{x \to a+0} f(x) = \lim_{x \to a-0} f(x) = \alpha \tag{2.7}$$

例題 2.4 $\lim_{x\to 1}\dfrac{1}{x-1}$ を求めよ.

【解答】 $\lim_{x\to 1+0}\dfrac{1}{x-1}=\infty$, $\lim_{x\to 1-0}\dfrac{1}{x-1}=-\infty$ となり，左側極限と右側極限が異なるので，極限はない． ◇

問　題　2.1

問 1. つぎの極限を求めよ．
  (1) $\lim_{x\to 2}(4x-3)$ (2) $\lim_{x\to -2}(x^2+1)$ (3) $\lim_{x\to 1}(x^3-2x^2+3)$

問 2. つぎの極限を求めよ．
  (1) $\lim_{x\to 1}(x^2+3)(x^2-x+8)$ (2) $\lim_{x\to 1}\dfrac{3x^2+4}{x^2+1}$ (3) $\lim_{x\to 1}\dfrac{2x-3}{x^2+x+1}$

問 3. つぎの極限を求めよ．
  (1) $\lim_{x\to 2}\dfrac{x^2+2x-8}{x^2-x-2}$ (2) $\lim_{x\to 1}\dfrac{x^3-1}{x^2-4x+3}$
  (3) $\lim_{x\to -1}\dfrac{x^2-2x-3}{x^2+x}$ (4) $\lim_{x\to 1}\dfrac{x^3+x^2-2}{x^3+2x^2+x-4}$

問 4. つぎの極限は存在するか，調べよ．
  (1) $\lim_{x\to 0}\dfrac{1}{x}$ (2) $\lim_{x\to 0}\dfrac{|x|}{x}$

問 5. つぎの極限を求めよ．
  (1) $\lim_{x\to\infty}\dfrac{-2x^2+3x}{x^2+1}$ (2) $\lim_{x\to\infty}\dfrac{x^3+x+2}{2x^2+x-1}$
  (3) $\lim_{x\to -\infty}\dfrac{5x^2+6x+7}{-3x^2+4x+2}$

問 6. つぎの極限を求めよ．
  (1) $\lim_{x\to 3+0}\dfrac{1}{x-3}$ (2) $\lim_{x\to 1}\dfrac{1}{(x-1)^2}$ (3) $\lim_{x\to 2}\dfrac{1}{x-2}$

2.2 連続関数

定義 2.6 a を実数とする.関数 $f(x)$ が $x=a$ で**連続**であるとは

$$\lim_{x \to a} f(x) = f(a) \tag{2.8}$$

を満たすときをいう.

$f(x)$ が区間 I のすべての点で連続であるとき,$f(x)$ は I で連続である,または I 上の**連続関数**であるという.また,$f(x)$ が I の左端の点 a で連続とは $\lim_{x \to a+0} f(x) = f(a)$ を満たすときをいい,I の右端の点 b で連続とは $\lim_{x \to b-0} f(x) = f(b)$ を満たすときをいう.

例 2.4

(1) x の多項式関数は $(-\infty, \infty)$ で連続である.

(2) 三角関数 $\sin x$, $\cos x$, 指数関数 a^x は $(-\infty, \infty)$ で連続である.

(3) 対数関数 $\log_a x$ は $(0, \infty)$ で連続である.

例 2.5 (1) グラフが図 2.1 のような関数 $y = f(x)$ について

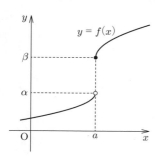

$$\beta = \lim_{x \to a+0} f(x) \neq \lim_{x \to a-0} f(x) = \alpha$$

より $\lim_{x \to a} f(x)$ は存在しない.よって,$f(x)$ は $x = a$ で連続でない.

図 2.1 不連続な関数

(2) グラフが図 **2.2** のような関数 $f(x)$ について，$\lim_{x \to a+0} f(x) = \lim_{x \to a-0} f(x) = \alpha$ であり，$\lim_{x \to a} f(x) = \alpha = f(a)$ となるので，$f(x)$ は $x = a$ で連続である．

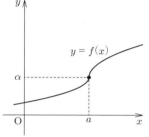

図 **2.2** 連続な関数

例題 2.2 で示したように，$f(a)$ の値が定まっていない関数 $y = f(x)$ に対して，もし $\lim_{x \to a} f(x) = \alpha$ が存在するならば，$f(a) = \alpha$ と改めて定めることにより，$y = f(x)$ は $x = a$ で連続とすることができる．

例 2.6 例題 2.2 より，関数 $\dfrac{x^2 + x - 2}{x - 1}$ は $\lim_{x \to 1} \dfrac{x^2 + x - 2}{x - 1} = 3$ であったので，関数 $y = f(x)$ を

$$f(x) = \begin{cases} \dfrac{x^2 + x - 2}{x - 1} & (x \neq 1 \text{ のとき}) \\ 3 & (x = 1 \text{ のとき}) \end{cases} \tag{2.9}$$

と定めると，この関数は $x = 1$ で連続となる．

連続な関数の基本的な性質として，つぎの 2 つの定理を紹介しておく．

定理 2.3　（中間値の定理）　関数 $y = f(x)$ が $[a, b]$ で連続ならば，$f(a)$ と $f(b)$ の間の任意の値 p に対して

$$f(c) = p$$

を満たす c が存在する．

定理 2.4　（最大値・最小値の定理）　関数 $f(x)$ は区間 $[a, b]$ で連続である

とする．このとき，$f(x)$ は区間 $[a,b]$ で必ず最大値，最小値を持つ．

問　題　2.2

問 1. つぎの関数 $y = f(x)$ のグラフをかけ．また，$f(x)$ は $x = 2$ で連続であるかどうかを調べよ．

$$f(x) = \begin{cases} \dfrac{x^2 - 4}{x - 2} & (x \neq 2 \text{ のとき}) \\ 5 & (x = 2 \text{ のとき}) \end{cases}$$

問 2. 関数 $f(x) = \dfrac{x^3 + x^2 - x - 1}{x - 1}$ $(x \neq 1)$ とするとき，この関数が $x = 1$ で連続となるように $f(1)$ の値を定めよ．

2.3　微分係数と導関数

関数 $y = f(x)$ と実数 a について実数値の比 $\dfrac{f(x) - f(a)}{x - a}$ を考える．これを $y = f(x)$ の**平均変化率**と呼ぶ．2.1 節〔1〕で考察した極限の概念によれば，$x \to a$ のとき上の平均変化率は $\dfrac{0}{0}$ 型の不定形になる．このとき，つぎのことが定義される．

定義 2.7　（微分係数）

$$\lim_{x \to a} \frac{f(x) - f(a)}{x - a} \tag{2.10}$$

の値が存在するとき，この極限値を $f'(a)$ とかき，$x = a$ における**微分係数**と呼ぶ．またこのとき，関数 $f(x)$ は $x = a$ で**微分可能**であるという．

例 2.7　$f(x) = x^2$ について

$$f'(1) = \lim_{x \to 1} \frac{x^2 - 1^2}{x - 1} = \lim_{x \to 1} \frac{(x+1)(x-1)}{x - 1} = \lim_{x \to 1}(x + 1) = 2$$

$$f'(2) = \lim_{x \to 2} \frac{x^2 - 2^2}{x - 2} = \lim_{x \to 2} \frac{(x+2)(x-2)}{x-2} = \lim_{x \to 2} (x+2) = 4$$

注意：式 (2.10) において $x - a = h$ とおくと

$$f'(a) = \lim_{h \to 0} \frac{f(a+h) - f(a)}{h} \tag{2.11}$$

と表せる.

曲線 $y = f(x)$ 上の 2 点 $\mathrm{P}(a, f(a))$, $\mathrm{Q}(a+h, f(a+h))$ における平均変化率は直線 PQ の傾きに等しくなる（図 **2.3**）．よって，$h \to 0$ とすると点 Q は点 P に限りなく近づき，直線 PQ は点 P を通る 1 つの直線に限りなく近づく．この直線を点 P における $f(x)$ の**接線**という．つまり，$f'(a)$ は点 P における接線の傾きになる．したがって，各点での接線の傾きを求めるには，例 2.7 のようにして微分係数 $f'(a)$ を求めればよい．しかし，a を動かしたとき，式 (2.10) を用いる限り同じ計算を繰り返す煩雑さがある．計算の結果は a の式（すなわち，a の関数）になっているので定義 2.8 が定まる．

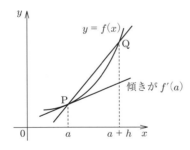

図 **2.3**　平均変化率と接線

定義 2.8　(**導関数**)　関数 $f(x)$ の定義域内のすべての x に対して，極限値

$$\lim_{h \to 0} \frac{f(x+h) - f(x)}{h} \tag{2.12}$$

が存在するならば，これは x の関数になる．この関数を $y = f(x)$ の**導関数**といい

2. 微分

$$y', \quad f'(x), \quad \frac{dy}{dx}, \quad \frac{df(x)}{dx}, \quad D(f(x))$$

などで表す．また，導関数を求めることを**微分する**という．

例 2.8 $f(x) = x^2$ について

$$f'(x) = \lim_{h \to 0} \frac{(x+h)^2 - x^2}{h} = \lim_{h \to 0} \frac{2hx + h^2}{h} = \lim_{h \to 0} (2x + h) = 2x$$

この式を用いれば，$f'(1) = 2$, $f'(2) = 4$ などが容易に得られる．

ここで，連続性と微分可能性の関係を述べておこう．

定理 2.5 関数 $f(x)$ が $x = a$ で微分可能ならば，$f(x)$ は $x = a$ で連続である．

証明 $f(x)$ は $x = a$ で微分可能なので，$f'(a)$ が存在する．ここで

$$\lim_{x \to a} \{f(x) - f(a)\} = \lim_{x \to a} \frac{f(x) - f(a)}{x - a} \cdot (x - a) = f'(a) \cdot 0 = 0$$

となるので，$\lim_{x \to a} f(x) = f(a)$ である．よって，$f(x)$ は $x = a$ で連続である． □

定理 2.6 n は 0 以上の整数とする．このとき

$$(x^n)' = nx^{n-1} \tag{2.13}$$

が成り立つ．

証明 まず，$n = 0$ のときは $x^0 = 1$ に注意すると，1 の導関数は $y = 1$ の接線の傾きになるので 0 である．したがって，$n = 0$ のときは成り立つことがいえる．同様に，関数 $y = x$ の接線はそれ自体だから，その傾きは 1 となる．よって，$(x)' = 1$ である．

$n \geqq 2$ のときを考える．いま，つぎのような因数分解を考える．

$$a^n - b^n = (a - b)(a^{n-1} + a^{n-2}b + \cdots + b^{n-1}) \tag{2.14}$$

$n = 2, 3$ のときはよく知られた因数分解公式である.

そこで, $a = x+h$, $b = x$ とおくと

$$\frac{(x+h)^n - x^n}{h} = \frac{a^n - b^n}{a - b}$$
$$= a^{n-1} + a^{n-2}b + \cdots + ab^{n-2} + b^{n-1}$$

となることに注意しよう.

さらに, 右辺は項が n 個あることにも注意すると

$$(x^n)' = \lim_{h \to 0} \left\{ (x+h)^{n-1} + \cdots + (x+h)x^{n-2} + x^{n-1} \right\}$$
$$= nx^{n-1} \tag{2.15}$$

となる. □

それでは実際に多項式の導関数を求めよう. そのために, つぎの簡単な定理を証明なしで述べる.

定理 2.7 $f(x)$, $g(x)$ を微分可能な 2 つの関数とし, k を定数とする. このとき

$$(f(x) + g(x))' = f'(x) + g'(x) \tag{2.16}$$

$$(kf(x))' = kf'(x) \tag{2.17}$$

が成り立つ.

例 2.9 $f(x) = x^4 + 3x^2 - 4x + 2$ の導関数は $f'(x) = 4x^3 + 6x - 4$ となる.

問題 2.3

問 1. つぎの関数の導関数を求めよ.
(1) $y = x^3 + 5x^2$ (2) $y = x^7$ (3) $y = x^{11} + x^8$

(4)　$y = x^6 + 4x^5 - 5x^3 + 2x^2 - 4$　　(5)　$y = -4x^9 + 4x^5 - x^3$
(6)　$y = (x^2 + 1)^2$　　(7)　$y = (x^2 - 2x)(x^3 + 3)$

2.4　曲線の接線と法線

2.3 節で求めたように曲線 $y = f(x)$ 上の点 $A(a, f(a))$ における接線の傾きは微分係数 $f'(a)$ であった．このとき接線の方程式はつぎの定理で表される．

定理 2.8　(接線の方程式)　$y = f(x)$ 上の点 $A(a, f(a))$ における接線の方程式は

$$y - f(a) = f'(a)(x - a) \tag{2.18}$$

で与えられる．

例題 2.5　曲線 $y = x^4 + 2x^3 - 3x + 2$ 上の点 $A(1, 2)$ における接線の方程式を求めよ．

【解答】　$y' = 4x^3 + 6x^2 - 3$ となるので，接線の傾き m は $m = 4 + 6 - 3 = 7$ となる．よって，求める接線の方程式は $y = 7(x-1) + 2 = 7x - 5$ となる．　◇

定義 2.9　(法線)　曲線 $y = f(x)$ 上の点 $A(a, f(a))$ を通り，A における $f(x)$ の接線に垂直な直線を点 A での**法線**という．その**法線の方程式**は

$$\begin{cases} y - f(a) = -\dfrac{1}{f'(a)}(x - a) & (f'(a) \neq 0 \text{ のとき}) \\ x = a & (f'(a) = 0 \text{ のとき}) \end{cases} \tag{2.19}$$

である (図 **2.4**)．

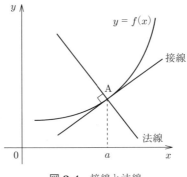

図 2.4 接線と法線

例題 2.6 曲線 $y = x^4 + 2x^3 - 3x + 2$ の点 A$(1, 2)$ における法線の方程式を求めよ.

【解答】 例題 2.5 から接線の傾きは 7 であったので,法線の傾きは $-\dfrac{1}{7}$ となる.よって,求める式は $y = -\dfrac{1}{7}x + \dfrac{15}{7}$ となる. ◇

問　題　2.4

問 1. つぎの曲線 $y = f(x)$ 上の点 A$(1, f(1))$ における接線の方程式を求めよ.
(1)　$y = x^3 + 2x^2 - 3$　　(2)　$y = x^5$　　(3)　$y = x^6 + 3x^3$
(4)　$y = x^{10}$

2.5　積の微分公式

　ここでは $y = (x^2 + 1)(x^3 - 2x + 3)$ のように,2 つの関数の積で表される関数に対して,その導関数を求めることにする.その公式は非常に基本的であるが,微分のみならず,積分の場合にも使える重要なものである.

定理 2.9 （積の微分） 2つの関数 $f(x)$, $g(x)$ が微分可能であるとき

$$(f(x)g(x))' = f'(x)g(x) + f(x)g'(x) \tag{2.20}$$

証明 導関数の定義と $g(x)$ の連続性から

$$\begin{aligned}
(f(x)g(x))' &= \lim_{h \to 0} \frac{f(x+h)g(x+h) - f(x)g(x)}{h} \\
&= \lim_{h \to 0} \frac{f(x+h)g(x+h) - f(x)g(x+h)}{h} \\
&\quad + \lim_{h \to 0} \frac{f(x)g(x+h) - f(x)g(x)}{h} \\
&= \lim_{h \to 0} \frac{f(x+h) - f(x)}{h} g(x+h) + f(x) \lim_{h \to 0} \frac{g(x+h) - g(x)}{h} \\
&= f'(x)g(x) + f(x)g'(x) \qquad \square
\end{aligned}$$

それでは前に挙げた関数について実際に導関数を求めてみよう．

例 2.10
$$\begin{aligned}
\{(x^2+1)(x^3-2x+3)\}' &= (x^2+1)'(x^3-2x+3) + (x^2+1)(x^3-2x+3)' \\
&= 2x(x^3-2x+3) + (x^2+1)(3x^2-2) \\
&= 5x^4 - 3x^2 + 6x - 2
\end{aligned}$$

つぎに，関数 $y = f(x)g(x)h(x)$ のときを考える．この場合には

$$\begin{aligned}
(f(x)g(x)h(x))' &= (f(x)g(x))'h(x) + (f(x)g(x))h'(x) \\
&= (f'(x)g(x) + f(x)g'(x))h(x) + (f(x)g(x))h'(x)
\end{aligned}$$

と，積の微分を繰返し用いることで，つぎの結果が成り立つことがわかる．

定理 2.10 関数 $f(x)$, $g(x)$, $h(x)$ が微分可能のとき

$$(f(x)g(x)h(x))' = f'(x)g(x)h(x) + f(x)g'(x)h(x) + f(x)g(x)h'(x) \tag{2.21}$$

一般に，関数 $f_1(x), \cdots, f_n(x)$ が微分可能のとき

$$(f_1(x)\cdots f_n(x))' = f_1'(x)f_2(x)\cdots f_{n-1}(x)f_n(x)$$
$$+ f_1(x)f_2'(x)\cdots f_{n-1}(x)f_n(x) + \cdots$$
$$+ f_1(x)f_2(x)\cdots f_{n-1}(x)f_n'(x) \qquad (2.22)$$

例題 2.7 $y = (x-1)(x-2)(x-3)$ のとき，導関数を求めよ．また，曲線 $y = (x-1)(x-2)(x-3)$ の点 $(2,0)$ における接線の方程式を求めよ．

【解答】 $y' = (x-2)(x-3) + (x-1)(x-3) + (x-1)(x-2)$ である．よって接線の傾きは -1 であるから，接線の方程式は $y = -x+2$ となる． ◇

問 題 2.5

問 1. つぎの関数の導関数を求めよ．
(1) $y = (x^2+2)(x^2-1)$ (2) $y = (x^2+x+1)(x^3+2)$
(3) $y = (x^3+x+2)(x^4+x^2+3)$
(4) $y = (x^7+2x^5+2x+1)(x^4-2x^3+x^2-3)$

問 2. つぎの曲線の与えられた点における接線の方程式を求めよ．
(1) $y = (x-2)(x-3)$, $A(2,0)$
(2) $y = (x+1)(x-2)(x-4)$, $A(-1,0)$
(3) $y = (x+1)(x+2)(x+3)$, $A(1,24)$
(4) $y = (x-1)(x+1)(x-2)(x+2)$, $A(2,0)$

2.6 商の微分公式

つぎに 2 つの関数 $f(x)$, $g(x)$ について $y = \dfrac{f(x)}{g(x)}$ の微分を考える．

定理 2.11 (商の微分) $f(x)$, $g(x)$ が微分可能のとき
$$\left\{\frac{f(x)}{g(x)}\right\}' = \frac{f'(x)g(x) - f(x)g'(x)}{\{g(x)\}^2} \quad (\text{ただし，} g(x) \neq 0) \quad (2.23)$$
が成り立つ．

証明 導関数の定義より

$$\left\{\frac{1}{g(x)}\right\}' = \lim_{h \to 0} \frac{\frac{1}{g(x+h)} - \frac{1}{g(x)}}{h} = -\lim_{h \to 0} \frac{g(x+h) - g(x)}{hg(x+h)g(x)} = -\frac{g'(x)}{\{g(x)\}^2}$$

となるので，積の微分公式より

$$\left\{\frac{f(x)}{g(x)}\right\}' = \left\{f(x) \cdot \frac{1}{g(x)}\right\}' = \frac{f'(x)}{g(x)} - \frac{f(x)g'(x)}{\{g(x)\}^2}$$
$$= \frac{f'(x)g(x) - f(x)g'(x)}{\{g(x)\}^2}$$

となる． □

例題 2.8 $y = \dfrac{x^2 - 1}{x^2 + 1}$ を微分せよ．

【解答】

$$y' = \frac{2x(x^2 + 1) - (x^2 - 1)2x}{(x^2 + 1)^2} = \frac{4x}{(x^2 + 1)^2} \qquad \diamondsuit$$

つぎに，商の微分の応用として $y = \dfrac{1}{x^2}$ の導関数を求めてみよう．

例題 2.9 $y = \dfrac{1}{x^2}$ を微分せよ．

【解答】

$$y' = \frac{0 - 2x}{x^4} = -\frac{2}{x^3} \qquad \diamondsuit$$

さて，$\dfrac{1}{x^2}$ は指数の形では x^{-2} であり，$\dfrac{1}{x^3} = x^{-3}$ に注意すると，上の例は $(x^{-2})' = -2x^{-3} = -2x^{-2-1}$ とかける．同様にしてつぎの公式が成り立つ．

定理 2.12 n が自然数のとき

$$(x^{-n})' = -nx^{-n-1} \tag{2.24}$$

したがって，一般に m が整数のとき

2.6 商の微分公式

$$(x^m)' = mx^{m-1} \tag{2.25}$$

証明

$$(x^{-n})' = \left(\frac{1}{x^n}\right)' = \frac{-nx^{n-1}}{x^{2n}} = -nx^{-n-1} \qquad \square$$

上の定理を用いると，関数 $y = \dfrac{1}{x^n}$ 上の点での接線および法線の方程式を求めることが可能となる．

例題 2.10 $y = \dfrac{1}{x^2}$ 上の点 $(1,1)$ における接線と法線の方程式を求めよ．

【解答】 $y' = -\dfrac{2}{x^3}$ より接線の傾きは -2 となる．よって，求める方程式は $y = -2x + 3$ である．

また，法線の傾きは $\dfrac{1}{2}$ だから，その方程式は $y = \dfrac{1}{2}x + \dfrac{1}{2}$ となる． $\diamondsuit$

問　題　2.6

問 1. つぎの関数を微分せよ．

(1) $y = \dfrac{x+1}{x-1}$ (2) $y = \dfrac{2x}{x^2+1}$ (3) $y = \dfrac{x^2+2}{x^3+1}$

(4) $y = \dfrac{3x+1}{x^2+x}$

問 2. つぎの関数を微分せよ．

(1) $y = \dfrac{1}{x^3}$ (2) $y = \dfrac{2}{x^4}$ (3) $y = -\dfrac{3}{x^5}$ (4) $y = x^2 - \dfrac{1}{x^2}$

(5) $y = \left(x - \dfrac{1}{x}\right)^2$

問 3. つぎの曲線について，与えられた点における接線および法線の方程式を求めよ．

(1) $y = \dfrac{1}{x^3}$, $A(1,1)$ (2) $y = \dfrac{2}{x^4}$, $A(-1,2)$

(3) $y = -\dfrac{3}{x^5}$, $A(1,-3)$

2.7 合成関数の微分公式

まず，合成関数とは何かということから始める．

定義 2.10 (合成関数)　y が u の関数で $y = f(u)$, u が x の関数で $u = g(x)$ であるとき，x の関数 $y = f(g(x))$ を考えることができる．これを $y = f(u)$ と $u = g(x)$ の**合成関数**という．

例 2.11　$y = (3x-1)^3$ は $y = u^3$ と $u = 3x - 1$ の合成関数である．

いま，2つの関数 $f(x)$, $g(x)$ が微分可能であるとき，合成関数 $f(g(x))$ の導関数を求めよう．

定理 2.13 (合成関数の微分)　$y = f(u)$ は u について微分可能で，$u = g(x)$ は x について微分可能とする．このとき合成関数 $f(g(x))$ の導関数は

$$(f(g(x)))' = f'(u)g'(x) \tag{2.26}$$

で与えられる．ここで，$f'(u)$ は $f(u)$ の変数 u についての導関数である．

証明　つぎのような平均変化率 H を考える．
$$H = \frac{f(g(x+h)) - f(g(x))}{h}$$
いま，$g(x+h) - g(x) = h_1$ とおく．$h \to 0$ ならば $h_1 \to 0$ に注意しておく．このとき，$u = g(x)$ だから
$$H = \frac{f(g(x) + h_1) - f(g(x))}{h} = \frac{f(u + h_1) - f(u)}{h}$$
$$= \frac{f(u + h_1) - f(u)}{h_1} \cdot \frac{h_1}{h}$$
したがって

2.7 合成関数の微分公式

$$\lim_{h \to 0} H = \lim_{h_1 \to 0} \frac{f(u+h_1) - f(u)}{h_1} \lim_{h \to 0} \frac{g(x+h) - g(x)}{h}$$
$$= f'(u)g'(x)$$

がいえる. □

注意：以前はどの教科書でも上のような証明を行っていた．現在でもこの方法をとっているものも多いが，厳密にはこの証明は不備があるといわれている．実際，h_1 を分母にしているが，厳密にはこの値が 0 ではないということをいわなくてはいけない．しかしながら，本書でも詳細には触れないで，現行通りの証明で済ませたい．

注意：合成関数の微分は

$$\frac{dy}{dx} = \frac{dy}{du} \cdot \frac{du}{dx} \tag{2.27}$$

と表される．これは $\dfrac{dy}{dx}$ という**微分記号**が，じつは分数と同じ性質を持っていることを示している．例えば，$\dfrac{dy}{dx} = P(x)$ ならば $dy = P(x)\,dx$ あるいは $\dfrac{dx}{dy} = \dfrac{1}{P(x)}$ などと表現できる．

例題 2.11 つぎの関数を微分せよ．
(1) $y = (3x-1)^3$ (2) $y = \left(x^2 + \dfrac{1}{x^2}\right)^4$

【解答】
(1) $u = 3x - 1$ とおくと $y = u^3$ だから，$\dfrac{dy}{dx} = 3u^2 \cdot (3x-1)' = 9u^2 = 9(3x-1)^2$ となる．

(2) $u = x^2 + \dfrac{1}{x^2}$ とおくと $y = u^4$．よって $\dfrac{dy}{du} = 4u^3$，$\dfrac{du}{dx} = 2x - \dfrac{2}{x^3}$ であるから

$$\frac{dy}{dx} = \frac{dy}{du} \cdot \frac{du}{dx} = 4u^3\left(2x - \frac{2}{x^3}\right)$$
$$= 8\left(x - \frac{1}{x^3}\right)\left(x^2 + \frac{1}{x^2}\right)^3 \qquad \diamondsuit$$

問題 2.7

問 1. つぎの合成関数を $y = f(u),\ u = g(x)$ の形で表せ．
(1) $(2x+1)^4$ (2) $(x^2+3)^5$ (3) $\left(x+\dfrac{1}{x}\right)^3$
(4) $\dfrac{1}{(2x+1)^2}$

問 2. つぎの関数を微分せよ．
(1) $y = (2x+1)^4$ (2) $y = (x^2+3)^5$ (3) $y = \left(x+\dfrac{1}{x}\right)^3$
(4) $y = \dfrac{1}{(2x+1)^2}$

2.8 その他の微分公式

この節では逆関数およびパラメーター表示による関数の導関数を求めてみる．$y = x^n$ (n は 2 以上の整数) を考える．n が偶数のときは $x \geqq 0$ でこの関数は単調増加で，n が奇数のときはつねに単調増加の関数となるので，いずれの場合にも適当な範囲において逆関数 $y = \sqrt[n]{x}$ が存在する．

この関数 $y = \sqrt[n]{x}$ の導関数を求めてみる．特に，$y = \sqrt{x}$ の導関数を調べよう．そのためにつぎの定理が必要となる．

定理 2.14（逆関数の微分） $y = f(x)$ が微分可能で，逆関数 $y = f^{-1}(x)$ をもつとき，逆関数 $y = f^{-1}(x)$ の導関数について

$$\frac{dy}{dx} = \frac{1}{\dfrac{dx}{dy}} \quad \text{つまり} \quad \frac{d}{dx}f^{-1}(x) = \frac{1}{f'(y)} \tag{2.28}$$

が成り立つ．

証明 $y = f^{-1}(x)$ とは $x = f(y)$ である．よって，$f^{-1}(x+h) = y+k$ とおくと $x+h = f(y+k)$ となることに注意する．このとき

$$\frac{dy}{dx} = \lim_{h \to 0} \frac{f^{-1}(x+h) - f^{-1}(x)}{h}$$
$$= \lim_{k \to 0} \frac{k}{f(y+k) - f(y)} = \frac{1}{f'(y)}$$

が成り立つ. □

例題 2.12

(1) $y = \sqrt{x}$ を微分せよ.

(2) $y = \sqrt[n]{x}$ を微分せよ.

【解答】

(1) $x = y^2$ より $(\sqrt{x})' = \dfrac{1}{2y} = \dfrac{1}{2\sqrt{x}}$

(2) $x = y^n$ であるから $(\sqrt[n]{x})' = \dfrac{1}{ny^{n-1}} = \dfrac{1}{n}(\sqrt[n]{x})^{1-n}$ ◇

定理 2.15 α が有理数のとき

$$(x^\alpha)' = \alpha x^{\alpha - 1} \tag{2.29}$$

である.

証明　α が整数のときは定理 2.6 および定理 2.12 で述べてある. $\alpha = \dfrac{1}{n}$ のときは上の例題からただちにわかる. $\alpha = \dfrac{m}{n}$ (m は整数, n は自然数) のときは, これらと合成関数の微分公式より定理の結果が成り立つことがただちにわかる. □

例 2.12

(1) $(\sqrt[3]{x})' = \left(x^{\frac{1}{3}}\right)' = \dfrac{1}{3} x^{-\frac{2}{3}} = \dfrac{1}{3} \cdot \dfrac{1}{\sqrt[3]{x^2}}$

(2) $\left(\dfrac{1}{\sqrt{x}}\right)' = \left(x^{-\frac{1}{2}}\right)' = -\dfrac{1}{2} x^{-\frac{3}{2}} = -\dfrac{1}{2} \cdot \dfrac{1}{\sqrt{x^3}}$

例題 2.13　つぎの関数を微分せよ.

(1) $y = \sqrt{x^2+1}$　　(2) $y = (x^2+1)\sqrt{x+1}$

【解答】 (1) $u = x^2+1$ とおくと $y = \sqrt{u}$, $u = x^2+1$ だから

$$y' = \frac{1}{2\sqrt{u}}(2x) = \frac{x}{\sqrt{x^2+1}}$$

(2) $y' = 2x\sqrt{x+1} + (x^2+1)(\sqrt{x+1})'$ だから

$$y' = 2x\sqrt{x+1} + \frac{x^2+1}{2\sqrt{x+1}} \qquad \diamondsuit$$

定義 2.11 曲線 C が1つの変数 t によって

$$x = f(t), \quad y = g(t) \tag{2.30}$$

の形に表されているとき，これを曲線 C の**パラメーター表示**関数といい，t をパラメーターという．

注意：t を消去すると $y = F(x)$ と x の関数となるが，t の消去は普通はたいへん難しい．

例 2.13 原点を中心とする半径 2 の円周上の点 $P(x, y)$ は変数 θ によって

$$x = 2\cos\theta, \quad y = 2\sin\theta$$

とかける．これが，この円のパラメーター表示であり，θ がパラメーターである．

パラメーター表示関数の微分についてはつぎが成り立つことが知られている．

定理 2.16 $x = f(t)$, $y = g(t)$ が t について微分可能のとき

$$\frac{dy}{dx} = \frac{\dfrac{dy}{dt}}{\dfrac{dx}{dt}} = \frac{g'(t)}{f'(t)} \qquad (\text{ただし } f'(t) \neq 0) \tag{2.31}$$

例 2.14 (1) $x = t+1$, $y = t^2+1$ のとき,$\dfrac{dy}{dx} = 2t$

(2) $x = t^2 - 1$, $y = t^3 + t$ のとき,$\dfrac{dy}{dx} = \dfrac{3t^2+1}{2t}$

問　題　2.8

問 1. つぎの関数を微分せよ.
(1) $y = \sqrt{x^2+4}$　　(2) $y = \sqrt[3]{x} + \sqrt[4]{x^3}$　　(3) $y = \dfrac{1}{\sqrt[3]{x^2}} + \dfrac{1}{\sqrt[4]{x}}$
(4) $y = \left(\sqrt{x} + \dfrac{1}{\sqrt{x}}\right)^3$　　(5) $y = (\sqrt{x}+1)(\sqrt{x}+2)$
(6) $y = \dfrac{\sqrt{x}-1}{\sqrt{x}+1}$

問 2. つぎの式から $\dfrac{dy}{dx}$ を求めよ.
(1) $x = 1+t$, $y = 3t+1$　　(2) $x = t$, $y = 1+2t^2$
(3) $x = t^2$, $y = t + \dfrac{1}{t}$

2.9　三角関数の微分

つぎの定理が基本となる.

定理 2.17　θ はラジアン表示の角度とする.このとき
$$\lim_{\theta \to 0} \frac{\sin\theta}{\theta} = 1 \tag{2.32}$$
が成り立つ.

注意：定理の証明は,例えば「微分積分学」(加藤末広ほか著,コロナ社) を参照されたい.直感的にいうと,例えば θ が第 1 象限のとき $\theta = \overset{\frown}{AB}$ であり $\sin\theta$ は点 B から x 軸におろした直線 BH の長さになる (図 2.5).このとき,θ が十分小さくなれ

図 2.5 θ が十分小さいときの $\stackrel{\frown}{\mathrm{AB}}$ と BH

ば，弧の長さ $\stackrel{\frown}{\mathrm{AB}}$ と直線 BH の長さはほぼ同じになっている．これが定理で示していることである．

例えば

$$\sin 1° = \sin\left(\frac{\pi}{180}\right) = 0.01745240\cdots$$
$$\fallingdotseq \frac{\pi}{180} = 0.01745329\cdots$$

がわかる．

この定理を応用してみよう．

以下，三角関数の角度はすべて弧度法で表された角度とする．

例題 2.14 つぎの等式が成り立つことを示せ．

(1) 正の実数 a に対して

$$\lim_{\theta \to 0} \frac{\sin a\theta}{\theta} = a$$

(2) a, b を実数 $(b \neq 0)$ とすると

$$\lim_{\theta \to 0} \frac{\sin a\theta}{\sin b\theta} = \frac{a}{b}$$

【解答】 (1) $\alpha = a\theta$ とおく．$\theta \to 0$ ならば $\alpha \to 0$ となるので

$$\frac{\sin a\theta}{\theta} = \frac{\sin \alpha}{\alpha} \cdot \frac{\alpha}{\theta} = a \cdot \frac{\sin \alpha}{\alpha}$$

したがって $\displaystyle\lim_{\theta \to 0} \frac{\sin a\theta}{\theta} = a$

(2) (1) から $\displaystyle\lim_{\theta \to 0} \frac{\sin a\theta}{\sin b\theta} = \lim_{\theta \to 0} \frac{\sin a\theta}{\theta} \cdot \frac{\theta}{\sin b\theta} = \frac{a}{b}$ ◇

2.9 三角関数の微分

例 2.15

(1) $\displaystyle\lim_{\theta \to 0} \frac{\sin 2\theta}{\theta} = 2$

(2) $\displaystyle\lim_{\theta \to 0} \frac{\sin 5\theta}{\sin 3\theta} = \frac{5}{3}$

例題 2.15 $\displaystyle\lim_{\theta \to 0} \frac{\cos 2\theta - 1}{\theta}$ の値を求めよ．

【解答】 $\cos 2\theta = 1 - 2\sin^2 \theta$ より

$$\frac{\cos 2\theta - 1}{\theta} = \frac{-2\sin^2 \theta}{\theta} = -2\sin\theta \cdot \frac{\sin\theta}{\theta}$$

$\theta \to 0$ ならばこの値は 0 に近づく． ◇

それでは関数 $y = \sin x$ の導関数を求めよう．定義より

$$(\sin x)' = \lim_{h \to 0} \frac{\sin(x+h) - \sin x}{h}$$

である．このとき，右辺の式は

$$\frac{\sin(x+h) - \sin x}{h} = \frac{\sin x \cos h + \cos x \sin h - \sin x}{h}$$

$$= \frac{\sin x(\cos h - 1)}{h} + \cos x \cdot \frac{\sin h}{h}$$

と変形できるので，定理 2.17 と例題 2.15 から，$h \to 0$ のとき第 1 項は 0 に近づき，第 2 項は $\cos x$ に近づく．よってつぎが成り立つ．

定理 2.18

$$(\sin x)' = \cos x \tag{2.33}$$

この定理を用いて $y = \cos x$ の導関数がただちに導かれる．

定理 2.19

$$(\cos x)' = -\sin x \tag{2.34}$$

証明 $\cos x = \sin\left(\dfrac{\pi}{2} - x\right)$ より合成関数の微分を用いると

$$(\cos x)' = \left\{\sin\left(\dfrac{\pi}{2} - x\right)\right\}'$$
$$= \cos\left(\dfrac{\pi}{2} - x\right) \cdot \left(\dfrac{\pi}{2} - x\right)' = -\sin x$$

となる． □

注意：$y = \sin x$ の導関数は $\cos x$ であり，$y = \cos x$ の導関数は $-\sin x$ となる．このように $\cos x$ の導関数にマイナスがつくのは，$0 < x < \dfrac{\pi}{2}$ の範囲で $y = \cos x$ のグラフとその接線を考えると明らかであろう．上の範囲では接線の傾きが負になっている．

例題 2.16 つぎの関数の導関数を求めよ．

(1) $y = \tan x$

(2) $y = \sin ax,\ y = \cos ax$ （a は実数）

【解答】 (1) $\tan x = \dfrac{\sin x}{\cos x}$ だから，商の微分が適用される．このとき
$$(\tan x)' = \dfrac{\cos^2 x + \sin^2 x}{\cos^2 x}$$
$$= \dfrac{1}{\cos^2 x} = \sec^2 x$$

となる．

(2) 合成関数を利用して $u = ax$ とおくと，$y = \sin ax$ は $y = \sin u,\ u = ax$ とできる．よって

$$(\sin ax)' = \cos u(ax)' = a\cos ax$$
$$(\cos ax)' = -a\sin u = -a\sin ax$$

となる． ◇

定理 2.14（逆関数の微分）と三角関数の導関数の公式を組み合わせることで，つぎの逆三角関数の導関数が得られる．

定理 2.20

(1) $\quad (\sin^{-1} x)' = \dfrac{1}{\sqrt{1-x^2}} \quad (-1 < x < 1)$ \hfill (2.35)

(2) $\quad (\tan^{-1} x)' = \dfrac{1}{1+x^2}$ \hfill (2.36)

証明 (1) $y = \sin^{-1} x$ とすると，$x = \sin y$ と表せる．よって

$$\frac{d}{dx}\sin^{-1} x = \frac{1}{\dfrac{d}{dy}\sin y} = \frac{1}{\cos y} = \frac{1}{\sqrt{1-\sin^2 y}} = \frac{1}{\sqrt{1-x^2}}$$

(2) $y = \tan^{-1} x$ とすると，$x = \tan y$ と表せる．よって

$$\frac{d}{dx}\tan^{-1} x = \frac{1}{\dfrac{d}{dy}\tan y} = \cos^2 y = \frac{1}{1+\tan^2 y} = \frac{1}{1+x^2}$$

□

例題 2.17 つぎの導関数を求めよ．

(1) $y = \cos^{-1} x$ \hspace{2em} (2) $y = \sin^{-1} \dfrac{x}{a}$

【解答】 (1) $y = \cos^{-1} x$ より，$x = \cos y$ と表せる．よって

$$\frac{d}{dx}\cos^{-1} x = \frac{1}{\dfrac{d}{dy}\cos y} = -\frac{1}{\sin y} = -\frac{1}{\sqrt{1-\cos^2 y}} = -\frac{1}{\sqrt{1-x^2}}$$

(2) 合成関数の微分公式より

$$\left(\sin^{-1}\frac{x}{a}\right)' = \frac{1}{\sqrt{1-\left(\dfrac{x}{a}\right)^2}} \times \left(\frac{x}{a}\right)' = \frac{1}{\sqrt{a^2-x^2}}$$

◇

問　題　2.9

問 1. つぎの極限値を求めよ．
(1) $\displaystyle\lim_{\theta\to 0}\frac{\theta}{\sin 2\theta}$
(2) $\displaystyle\lim_{\theta\to 0}\frac{\tan\theta}{\theta}$
(3) $\displaystyle\lim_{\theta\to 0}\frac{\sin 8\theta}{\sin 4\theta}$
(4) $\displaystyle\lim_{\theta\to 0}\frac{\tan 6\theta}{\sin 3\theta}$
(5) $\displaystyle\lim_{\theta\to 0}\frac{1-\cos\theta}{\theta^2}$
(6) $\displaystyle\lim_{\theta\to 0}\frac{\tan^2\theta}{1-\cos\theta}$

問 2. つぎの関数を微分せよ．
(1) $y=x\sin 2x$
(2) $y=(\cos 3x)^2$
(3) $y=\sec x$
(4) $y=\dfrac{1-\sin x}{1+\sin x}$
(5) $y=\sqrt{1+\cos x}$
(6) $y=\cos^2 x+2\sin x+3\tan^3 x$
(7) $y=\sin^{-1}(2x-1)$
(8) $y=\tan^{-1}\dfrac{x}{a}$

2.10　指数関数の微分

指数関数 $y=a^x$ の導関数を求めることにしよう．定義から

$$(a^x)'=\lim_{h\to 0}\frac{a^{x+h}-a^x}{h}$$

である．指数法則を用いると

$$(a^x)'=a^x\lim_{h\to 0}\frac{a^h-1}{h}$$

したがって a^x の導関数を求めるには，結局 $\displaystyle\lim_{h\to 0}\frac{a^h-1}{h}$ の値がわかればよいことになる．しかしながら，たとえ a が 2 または 10 のようなよく知られているものでさえ，上の極限値を求めるのは容易ではないことがわかる．そこでつぎの定理が重要な役割を果たす．

定理 2.21 $\displaystyle\lim_{h\to 0}(1+h)^{\frac{1}{h}}$ の値が存在する．

このことを示すのは容易ではないので，ここでは認めておくことにする．この極限値を e とかき，**ネピアの数**と呼ぶことにする．e は無理数であって

$$e = 2.71828182845904523\cdots \tag{2.37}$$

であることが知られている．

注意：e の近似値はつぎの式で与えられる（詳しくは後ほどの無限級数展開の項を参照されたい）．

$$e = 1 + 1 + \frac{1}{2!} + \frac{1}{3!} + \cdots$$

上の結果からつぎの定理が導かれる．

定理 2.22

(1) $\quad \displaystyle\lim_{h \to 0} \frac{\log_e(1+h)}{h} = 1 \tag{2.38}$

(2) $\quad \displaystyle\lim_{h \to 0} \frac{e^h - 1}{h} = 1 \tag{2.39}$

証明 (1) $\displaystyle\lim_{h \to 0} \frac{\log_e(1+h)}{h} = \lim_{h \to 0} \log_e(1+h)^{\frac{1}{h}} = \log_e e = 1$ となる．

(2) $e^h - 1 = u$ とおく．$h = \log_e(1+u)$ であり，$h \to 0$ ならば $u \to 0$ となるので

$$\lim_{h \to 0} \frac{e^h - 1}{h} = \lim_{u \to 0} \frac{u}{\log_e(1+u)} = 1$$

である． □

この定理より $y = e^x$ の導関数が求められる．

定理 2.23 e^x の導関数は e^x である：$(e^x)' = e^x$

例題 2.18 k を 0 ではない実数とするとき

$$(e^{kx})' = ke^{kx} \tag{2.40}$$

であることを示せ．

【解答】 $u = kx$ とおくと $y = e^u$, $u = kx$ となり，合成関数の微分から

$$(e^{kx})' = (e^u)'(kx)' = ke^u = ke^{kx}$$

◇

例 2.16

(1) $(e^{2x})' = 2e^{2x}$

(2) $(e^{-3x})' = -3e^{-3x}$

(3) $(e^{-x})' = -e^{-x}$

この例題の応用として，$a \neq 1$ となる正の数 a に対する指数関数 a^x の導関数が求められる．

定理 2.24 $a \neq 1$ となる正の定数 a に対して

$$(a^x)' = a^x \log_e a \tag{2.41}$$

が成り立つ．

証明 a^x を e を底とする指数関数の形で考えると $a^x = e^N$. ただし，$N = (\log_e a)x$ と表せる．よって

$$(a^x)' = \frac{de^N}{dx} = \frac{de^N}{dN} \cdot \frac{dN}{dx} = (\log_e a)e^N$$
$$= a^x \log_e a$$

となる．
□

例 2.17

(1) $(2^x)' = 2^x \log_e 2$

(2) $(10^x)' = (10^x) \log_e 10$

以下では指数関数は e^x, e^{kx} (k は 0 ではない定数) の形のものをおもに考

えることにする．したがって，対数関数も e を底とする対数 $\log_e M$ の形のものをおもに扱う．

定義 2.12 （**自然対数**）　任意の正数 M について $\log_e M$ を $\log M$ と表し，**自然対数**と呼ぶ．

この表現によれば，例えば $(2^x)' = 2^x \log 2$ と表してよいことになる．

例題 2.19　曲線 $y = 2^x$ 上の点 $(1, 2)$ における接線と法線の方程式を求めよ．

【解答】　$y' = 2^x \log 2$ であるから，傾きは $2\log 2$ となる．よって接線の方程式は
$$y = 2(x\log 2 + 1 - \log 2)$$
また，法線の傾きは $-\dfrac{1}{2\log 2}$ より，求める式は
$$y - 2 = -\frac{1}{2\log 2}(x - 1)$$
である．　　　　　　　　　　　　　　　　　　　　　　　　　　　　◇

問　題　2.10

問 1． つぎの極限を求めよ．
  (1)　$\displaystyle\lim_{x \to 0}(1 + 2x)^{\frac{1}{x}}$　　(2)　$\displaystyle\lim_{x \to 0}\left(1 + \frac{1}{2x}\right)^x$　　(3)　$\displaystyle\lim_{x \to 0}\frac{\log_2(1 + x)}{x}$
  (4)　$\displaystyle\lim_{x \to 0}\frac{\log(3 + x) - \log 3}{x}$　　(5)　$\displaystyle\lim_{x \to 0}\frac{e^{2x} - 1}{x}$　　(6)　$\displaystyle\lim_{x \to 0}\frac{2^x - 1}{x}$

問 2． つぎの関数を微分せよ．
  (1)　$y = xe^x$　　(2)　$y = e^x \sin x$　　(3)　$y = 3^x$
  (4)　$y = (e^{2x} + e^{-2x})^2$　　(5)　$y = \sqrt{e^x + 1}$　　(6)　$y = \dfrac{e^x - 1}{e^x + 1}$

問 3． つぎの曲線の与えられた点における接線の方程式を求めよ．
  (1)　$y = e^x$　$(0, 1)$　　(2)　$y = 3^x$　$(1, 3)$　　(3)　$y = e^{2x}$　$(2, e^4)$

2.11　対数関数の微分

2.10 節で示したように，微分積分学では e を底とする対数をおもに扱うことになる．そこで本節においても e を底とする対数関数

$$y = \log x \quad (x > 0)$$

のみ扱う．底が e でない場合は，底の変換公式（定理 1.5）を用いてから本節の内容を適用すればよい．

また，x が正の数の場合のみを扱うのは少し不便であるので，対数関数としては絶対値を用いて $y = \log |x|$ の形で考えることにする．この場合には定義域は 0 以外の実数全体となる．

定理 2.25　対数関数 $\log |x|$ の導関数は $\dfrac{1}{x}$ である：$(\log |x|)' = \dfrac{1}{x}$

証明　(1)　$x > 0$ のとき

$$\begin{aligned}
(\log x)' &= \lim_{h \to 0} \frac{\log(x+h) - \log x}{h} \\
&= \lim_{h \to 0} \frac{\log \dfrac{x+h}{x}}{h} \\
&= \lim_{h \to 0} \frac{\log \left(1 + \dfrac{h}{x}\right)}{h}
\end{aligned}$$

である．$\dfrac{h}{x} = k$ とおくと，$h = xk$ で $h \to 0$ ならば $k \to 0$ であるから

$$\begin{aligned}
(\log x)' &= \lim_{k \to 0} \frac{\log(1+k)}{xk} \\
&= \frac{1}{x} \left\{ \lim_{k \to 0} \frac{\log(1+k)}{k} \right\} = \frac{1}{x}
\end{aligned}$$

となる．
(2)　$x < 0$ のとき $y = \log(-x)$ だから，$u = -x$ とおくと $y = \log u$, $u = -x$ となる．よって

$$y' = \frac{1}{u}(-x)' = -\frac{1}{u} = \frac{1}{x}$$

となる. □

つぎに示す対数微分の公式は非常に簡単な形をしているが，よく用いられる重要な公式である．

定理 2.26　(対数微分の公式)　関数 $f(x)$ は微分可能であるとするとき

$$(\log|f(x)|)' = \frac{f'(x)}{f(x)} \tag{2.42}$$

が成り立つ．

証明　$y = \log|f(x)|$ に対して $u = f(x)$ とおくと，$y = \log|u|$ である．よって

$$y' = \frac{1}{u}f'(x) = \frac{f'(x)}{f(x)}$$

となる. □

例 2.18

(1)　$(\log|2x|)' = \dfrac{2}{2x} = \dfrac{1}{x}$

(2)　$\left\{\log(x^2+1)\right\}' = \dfrac{2x}{x^2+1}$

(3)　$(-\log|\cos x|)' = \tan x$

例題 2.20　$y = \log\left|\dfrac{x-1}{(x+1)(x+2)}\right|$ の導関数を求めよ．

【解答】　$y = \log|x-1| - \log|x+1| - \log|x+2|$ となるので

$$\begin{aligned}
y' &= \frac{1}{x-1} - \frac{1}{x+1} - \frac{1}{x+2} \\
&= \frac{-x^2+2x+5}{(x-1)(x+1)(x+2)}
\end{aligned}$$

◇

注意：上の例題の導関数は $\dfrac{1}{x-1} - \dfrac{1}{x+1} - \dfrac{1}{x+2}$ のままでもよい．実際，x に具

体的な数値を代入して微分係数を求めるには，このままの形でも簡単に計算が可能である．

問　題　2.11

問 1. つぎの関数を微分せよ．
(1) $y = x \log x$　　(2) $y = (\log x)^2$　　(3) $y = \sqrt{1 + \log x}$
(4) $y = e^{-2x} \log x$　　(5) $y = \log \dfrac{1}{\cos x}$　　(6) $y = \dfrac{e^{2x}}{1 + \log x}$

問 2. つぎの関数を微分せよ．
(1) $y = \log \left| \dfrac{(x-3)^5}{(x+1)^3(x-2)} \right|$　　(2) $y = \log \sqrt{\dfrac{x-2}{x+1}}$
(3) $y = \log \sqrt[4]{\dfrac{(x-1)(x-2)}{(x+1)(x+2)}}$

3 微分の応用

3.1 対数微分法

2章で学んだ対数微分の公式を利用して複雑な形の関数の導関数を求めることにする．

〔1〕 $y=f(x)^{g(x)}$ $(f(x)>0)$ の場合　　例えば曲線 $y=x^x$ $(x>0$ とする) に対して，その曲線上の点 $(1,1)$ における接線を求める方法を考えてみる．現時点では，実際にこの曲線のグラフをかくことはたいへん難しいが，この曲線上の各点における接線の方程式は求められるということを以下で示す．

$y=f(x)^{g(x)}$ について，両辺の対数をとる．

$$\log y = \log f(x)^{g(x)} = g(x)\log f(x)$$

この式を z とおく．z は x の関数だから x について微分しよう．

まず $z = \log|y|$ で，$y=f(x)^{g(x)}$ は x の関数であるので対数微分の公式より $\dfrac{dz}{dx} = \dfrac{y'}{y}$ である．一方，$z = g(x)\log f(x)$ であるから，積の微分公式より

$$\frac{dz}{dx} = g'(x)\log f(x) + \frac{f'(x)g(x)}{f(x)}$$

となる．よってつぎの結果を得る．

定理 3.1　(対数微分法)　$y=f(x)^{g(x)}$ $(f(x)>0)$ のとき

60　3. 微分の応用

$$y' = f(x)^{g(x)}\left(g'(x)\log f(x) + \frac{f'(x)g(x)}{f(x)}\right) \tag{3.1}$$

が成り立つ.

この対数微分法の定理を用いると，つぎのことがいえる．

定理 3.2

α が実数のとき

$$(x^\alpha)' = \alpha x^{\alpha-1} \tag{3.2}$$

証明　$y = x^\alpha$ とし，両辺の対数をとると

$$\log|y| = \alpha \log|x|$$

となる．よって両辺を x で微分して

$$\frac{y'}{y} = \frac{\alpha}{x}$$

したがって $y' = \alpha x^{\alpha-1}$ となる．　　□

例題 3.1　$y = x^x$ (ただし，$x > 0$ とする) の導関数を求めよ．また，曲線 $y = x^x$ 上の点 $(1,1)$ における接線の方程式を求めよ．

【解答】　まず，対数をとると $\log y = x \log x$ となる．よって両辺を微分すると

$$\frac{y'}{y} = \log x + 1$$

したがって $y' = x^x(\log x + 1)$ である．このとき，接線の傾きは $(\log 1 + 1) = 1$ より $y = x$ が求める接線の方程式である．　　◇

〔2〕複雑な分数式の場合　例えば $y = \dfrac{(x+1)^3(x-2)^4}{(x-1)^2(x^2+1)^3}$ を微分してみる．この微分を行うには商の微分，合成関数の微分，さらに積の微分公式を用

いなくてはならず，非常に計算がたいへんである．しかし，対数微分法を用いることで，この関数の導関数は容易に計算できる．

例題 3.2 $y = \dfrac{(x+1)^3(x-2)^4}{(x-1)^2(x^2+1)^3}$ を微分せよ．

【解答】　まず，両辺の対数をとって対数を分ける．

$$\log|y| = \log\left|\frac{(x+1)^3(x-2)^4}{(x-1)^2(x^2+1)^3}\right|$$
$$= 3\log|x+1| + 4\log|x-2| - 2\log|x-1| - 3\log(x^2+1)$$

両辺を x で微分する．

$$\frac{y'}{y} = \frac{3}{x+1} + \frac{4}{x-2} - \frac{2}{x-1} - \frac{6x}{x^2+1}$$

したがって求める導関数は

$$y' = \frac{(x+1)^3(x-2)^4}{(x-1)^2(x^2+1)^3}\left(\frac{3}{x+1} + \frac{4}{x-2} - \frac{2}{x-1} - \frac{6x}{x^2+1}\right) \qquad \diamond$$

注意：上の解の右辺の $(\ )$ 内を通分すればよいのであるが，具体的に x に数値を代入する場合にはこの形で十分である．そこで本書はこの形を解として扱うことにする．

問　題　3.1

問 1. つぎの関数を微分せよ．ただし，(1), (2), (4) は $x > 0$, (3) は $\sin x > 0$ とする．
　(1)　$y = x^{2x}$　　(2)　$y = x^{x^2}$　　(3)　$y = (\sin x)^x$　　(4)　$y = x^{\sin x}$

問 2. つぎの曲線の与えられた点での接線の方程式を求めよ．
　(1)　$y = x^{2x}$　$(1,1)$　　(2)　$y = x^{\sin x}$　$\left(\dfrac{\pi}{2}, \dfrac{\pi}{2}\right)$

問 3. つぎの関数を微分せよ．
　(1)　$y = \dfrac{(x-1)^3(x-2)^4}{(x+1)^2}$　　(2)　$y = \sqrt{\dfrac{(x+1)(x+2)}{x-2}}$
　(3)　$y = \dfrac{(3x^2+2)^4(-x+3)^7}{(x^2+2)^3(2x+3)^5}$　　(4)　$y = \sqrt[3]{\dfrac{x-1}{(x+1)^2(x+2)^2}}$

3.2 高次導関数

$y = f(x)$ を微分した関数 $f'(x)$ はまた x の関数となるが, これがさらに x で微分できるときには, それの導関数が考えられる. ここでは, 1 つの関数を続けて何回か微分することを考える.

定義 3.1 (高次導関数) $y = f(x)$ を続けて 2 回微分してできる関数を **2 次の導関数**と呼び

$$f''(x), \quad y'', \quad \frac{d^2y}{dx^2}, \quad \frac{d^2f(x)}{dx^2}, \quad D^2(f(x))$$

などで表す. 同様に **3 次の導関数**も定義する. 一般に $n \geqq 2$ の自然数について $y = f(x)$ を続けて n 回微分して得られた関数を **n 次の導関数**と呼び

$$f^{(n)}(x), \quad y^{(n)}, \quad \frac{d^n y}{dx^n}, \quad \frac{d^n f(x)}{dx^n}, \quad D^{(n)}(f(x))$$

などで表す. 一般に 2 次以上の導関数を**高次導関数**と呼ぶ.

それでは, 基本的な初等関数の高次導関数を求めよう.

最初に, 関数 $y = x^\alpha$ (α は実数) を考える. α が自然数のときと, そうでないときでは少し様子が異なる. まず自然数のときの例を見てみる.

例題 3.3 $y = x^4$ の高次導関数を求めよ.

【解答】 $y' = 4x^3$ より $y'' = 12x^2$, $y''' = 24x$, $y^{(4)} = 24 = 4!$ である. このときは $n \geqq 5$ について $y^{(n)} = 0$ である. ◇

つぎに, α が自然数ではないときの例を考える.

例題 3.4 $y = \dfrac{1}{x}$ の高次導関数を求めよ.

【解答】 $y = x^{-1}$ より

$$y' = (-1)x^{-2},\ y'' = (-1)(-2)x^{-3},\ \cdots,\ y^{(n)} = (-1)^n \frac{n!}{x^{n+1}}$$

このときは，n がどんな自然数でも導関数は 0 になることはない．　◇

まとめると，つぎの定理を得る．

定理 3.3 自然数 n，実数 α に対して

$$(x^\alpha)^{(n)} = \alpha(\alpha - 1) \cdots (\alpha - n + 1) x^{\alpha - n} \tag{3.3}$$

ただし，$\alpha = m$ (m は自然数) のときは

$$(x^m)^{(m)} = m!, \quad (x^m)^{(n)} = 0 \quad (n > m) \tag{3.4}$$

である．

つぎに，指数関数 $y = e^{kx}$ の高次導関数を求める．$y' = ke^{kx}$ より，これを繰り返せばつぎの結果が得られる．

定理 3.4 自然数 n，実数 k に対して

$$(e^{kx})^{(n)} = k^n e^{kx} \tag{3.5}$$

例 3.1 $(e^{2x})^{(4)} = 16 e^{2x}, \quad (e^{-x})^{(5)} = -e^{-x}, \quad (e^{-2x})^{(n)} = (-2)^n e^{-2x}$

対数関数 $y = \log|x|$ は $y' = \dfrac{1}{x}$ となるので，高次導関数は $y = x^{-1}$ のときの結果が適用できる．

定理 3.5 自然数 n に対して

$$(\log |x|)^{(n)} = (-1)^{n-1}\frac{(n-1)!}{x^n} \tag{3.6}$$

注意：$0! = 1$ であったことを思い出しておこう．

例 3.2 $(\log |x|)^{(5)} = \dfrac{4!}{x^5}$

最後に，三角関数 $y = \sin x$, $y = \cos x$ の高次導関数を考える．

まず，$y = \sin x$ のときには

$$y' = \cos x, \quad y'' = -\sin x, \quad y''' = -\cos x, \quad y^{(4)} = \sin x$$

となるので最初の関数 $\sin x$ にもどる．よって $k = 0, 1, 2, \cdots$ として

$$(\sin x)^{(n)} = \begin{cases} \sin x & (n = 4k \text{ のとき}) \\ \cos x & (n = 4k+1 \text{ のとき}) \\ -\sin x & (n = 4k+2 \text{ のとき}) \\ -\cos x & (n = 4k+3 \text{ のとき}) \end{cases} \tag{3.7}$$

となる．また，$\cos x = \sin\left(x + \dfrac{\pi}{2}\right)$ であることから

$$(\sin x)^{(n)} = \sin\left(x + \frac{n\pi}{2}\right)$$

と表すこともできる．

例題 3.5 $(\sin x)^{(125)}$ を求めよ．

【解答】 $125 = 4 \times 31 + 1$ より

$$(\sin x)^{(125)} = \sin\left(x + \frac{125}{2}\pi\right) = \sin\left(x + \frac{\pi}{2}\right) = \cos x \qquad \diamondsuit$$

注意：$\sin x$ の高次導関数より，a を定数とした $\sin ax$ の形の高次導関数も同様に計算できる．

$$(\sin ax)' = a\cos ax = a\sin\left(ax + \frac{\pi}{2}\right)$$
$$(\sin ax)'' = -a^2\sin ax = a^2\sin(ax+\pi)$$
$$\vdots$$

に注意すると，一般には

$$(\sin ax)^{(n)} = a^n\sin\left(ax + \frac{n\pi}{2}\right)$$

となる．

$y = \cos x$ に対しても，同様に計算すると

$$y' = -\sin x, \quad y'' = -\cos x, \quad y''' = \sin x, \quad y^{(4)} = \cos x$$

となるので，$k = 0, 1, 2, \cdots$ として

$$(\cos x)^{(n)} = \begin{cases} \cos x & (n = 4k \text{ のとき}) \\ -\sin x & (n = 4k+1 \text{ のとき}) \\ -\cos x & (n = 4k+2 \text{ のとき}) \\ \sin x & (n = 4k+3 \text{ のとき}) \end{cases} \tag{3.8}$$

となる．また，$\sin x = \cos\left(x + \dfrac{\pi}{2}\right)$ であることから

$$(\cos x)^{(n)} = \cos\left(x + \frac{n\pi}{2}\right)$$

と表すこともできる．

定理 3.6 自然数 n，実数 a に対して

$$(\sin ax)^{(n)} = a^n \sin\left(ax + \frac{n\pi}{2}\right) \tag{3.9}$$
$$(\cos ax)^{(n)} = a^n \cos\left(ax + \frac{n\pi}{2}\right) \tag{3.10}$$

さて，ここで合成関数の高次導関数を考えてみよう．一般にはこの導関数を求めることは非常に難しい．しかしながら，$y = f(g(x))$ において $g(x) = ax + b$ と 1 次式である場合には扱いやすいことがわかる．実際

$$y' = af'(g(x)) \tag{3.11}$$

$$y'' = a^2 f''(g(x)) \tag{3.12}$$

$$y^{(n)} = a^n f^{(n)}(g(x)) \tag{3.13}$$

となる．この合成関数の例としては前に挙げた $(\sin ax)^{(n)}$, $(\cos ax)^{(n)}$ がある．

例題 3.6 $y = (2x+1)^{10}$ に対して，y'', $y^{(4)}$ を求めよ．

【解答】 $(x^{10})'' = 90x^8$, $(x^{10})^{(4)} = 5040x^6$ となるので，$y = (2x+1)^{10}$ について $y'' = 2^2 \times 90(2x+1)^8$, $y^{(4)} = 2^4 \times 5040(2x+1)^6$ となる． ◇

問　題　3.2

問 1. つぎの関数について，指示された高次導関数を求めよ．
(1) $y = x^5$ （3 次の導関数） (2) $y = 2x^6$ （4 次の導関数）
(3) $y = x^4 + 3x^2 + 2x - 3$ （3 次の導関数） (4) $y = \dfrac{1}{x^2}$ （2 次の導関数）
(5) $y = \sqrt{x}$ （3 次の導関数） (6) $y = \dfrac{1}{x^3}$ （n 次の導関数）

問 2. つぎの関数の n 次導関数を求めよ．
(1) $\sin 3x$ （$n = 3$） (2) $\cos 2x$ （$n = 5$）
(3) $\sin(2x - 1)$ （$n = 4$）

問 3. つぎの関数の高次導関数 $y^{(n)}$ を求めよ．
(1) $y = (3x+2)^5$ （$n = 3$） (2) $y = \dfrac{-1}{x+1}$ （$n = 4$）
(3) $y = \dfrac{1}{(2x-1)^2}$ （$n = 2$）

問 4. $y = f(g(x))$ のとき $y'' = f''(g(x))(g'(x))^2 + f'(g(x))g''(x)$ となることを示せ．また，この式を用いて $y = (x^2+1)^4$ の y'' を求めよ．

3.3 ライプニッツの公式

ここでは，$y = f(x)g(x)$ という積の形の関数の高次導関数を考えてみる．積の微分公式より $y' = f'(x)g(x) + f(x)g'(x)$ となるので，さらにこの式を積の微分公式で微分すると

$$y'' = (f'(x)g(x))' + (f(x)g'(x))'$$

すなわち

$$y'' = f''(x)g(x) + 2f'(x)g'(x) + f(x)g''(x) \tag{3.14}$$

となる．同様に 3 次導関数についてもつぎの式が成り立つ．すなわち

$$y''' = f'''(x)g(x) + 3f''(x)g'(x) + 3f'(x)g''(x) + g'''(x) \tag{3.15}$$

注意：y'', y''' の形を見るとわかるように，例えば y'' では 2 つのダッシュ「$''$」を $f(x)$ と $g(x)$ につける「場合の数」を考えていることになる．すなわち，$f''(x)$ の場合には $\binom{2}{2} = 1$ 通りで，このときには $g(x)$ にはダッシュがつかない．$f'(x)$ となるのは $\binom{2}{1} = 2$ 通りである．この場合には $g'(x)$ が $f'(x)$ の相手である．同様に $f(x)$ の相手が $g''(x)$ となる．ここで，$\binom{n}{k}$ とは組合せの数 $_n\mathrm{C}_k = \dfrac{n(n-1)\cdots(n-k+1)}{k!}$ のことである．

一般に，積の形の関数の高次導関数はつぎのようになる．

定理 3.7 (ライプニッツの公式)

$$(f(x)g(x))^{(n)} = f^{(n)}(x)g(x) + \binom{n}{n-1}f^{(n-1)}(x)g'(x) + \cdots$$
$$+ \binom{n}{n-k}f^{(n-k)}(x)g^{(k)}(x) + \cdots + f(x)g^{(n)}(x) \tag{3.16}$$

例題 3.7
(1) $y = e^x \sin x$ のとき，y'' を求めよ．
(2) $y = xe^x$ のとき，$y^{(n)}$ を求めよ．

【解答】 (1) $f(x) = e^x$, $g(x) = \sin x$ とおくと
$$f(x) = e^x, \quad f'(x) = e^x, \quad f''(x) = e^x$$
$$g(x) = \sin x, \quad g'(x) = \cos x, \quad g''(x) = -\sin x$$
よって $(e^x \sin x)'' = e^x(\sin x + 2\cos x - \sin x) = 2e^x \cos x$

(2) $f(x) = x$, $g(x) = e^x$ とおくと $f'(x) = 1$, $f^{(n)}(x) = 0 \ (n \geq 2)$ であり，$g^{(n)}(x) = e^x \ (n \geq 1)$ となるので，求める式は $y^{(n)} = e^x(x+n)$ となる．
◇

問題 3.3

問 1. つぎの関数の 2 次導関数を求めよ．
(1) $y = e^{2x} \cos x$ (2) $y = e^{-x} \sin 2x$ (3) $y = (x^2 + 1)e^x$
(4) $y = x^3 e^{-2x}$

問 2. つぎの関数の n 次導関数を求めよ．
(1) $y = xe^{-x}$ (2) $y = x^2 e^x$ (3) $y = x \sin x$

3.4 ロールの定理

この節では微分において基本的となる定理を証明する．

定理 3.8 (ロールの定理) 関数 $y = f(x)$ は有限閉区間 $[a, b]$ で連続で，開区間 (a, b) で微分可能とする．もし

$$f(a) = f(b) = 0 \tag{3.17}$$

ならば

$$f'(c) = 0 \tag{3.18}$$

を満たす c が区間 (a, b) に存在する (図 **3.1**).

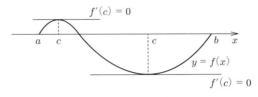

図 **3.1** ロールの定理

注意：定理の仮定 $f(a) = f(b) = 0$ は $f(a) = f(b)$ としてもよい．実際 $f(x)$ のかわりに

$$g(x) = f(x) - f(a)$$

を用いると，この関数 $g(x)$ は定理の仮定をすべて満たしている．このとき $g'(x) = f'(x)$ なので定理の結論が導かれる．

注意：ロールの定理の結論 $f'(c) = 0$ とは，曲線 $y = f(x)$ 上の点 $(c, f(c))$ での接線の傾きが 0 である (すなわち x 軸に平行な接線が引ける) ことを示している．そのような点の例としては，最大値や最小値をとる点を考えればよい．実際，有限閉区間での最大値，最小値の定理（定理 2.4）から最大値または最小値を与える x の存在は保証されており，このような x は c の1つである．実際に証明もこの事実を用いる．図形的な証明はこの注意に述べた事柄だけで十分であろう．

| 証明 | 有限閉区間 $[a, b]$ で関数 $y = f(x)$ は連続なので，定理 2.4 より，最大値あるいは最小値を与える点 $(c, f(c))$ がある $(c \in [a, b])$．$x = c$ で最小値となるとする．このときは $x < c$ ならば $f(x) \geqq f(c)$, $x > c$ でも $f(x) \geqq f(c)$ となるので，平均変化率 $\dfrac{f(x) - f(c)}{x - c}$ の値は $x < c$ では 0 以下，$x > c$ では 0 以上となる．よって $x = c$ での左側極限は 0 以下，右側極限は 0 以上より $f'(c)$ の値は 0 となる．$x = c$ で最大値となるときも同様である． □

問　題　3.4

問 1. つぎの関数について，右に示された区間でロールの定理を満たす c を求めよ．
(1)　$y = (x-1)(x-3)$　$[1,3]$　　(2)　$y = 2x^2 - 5x + 3$　$\left[1, \dfrac{3}{2}\right]$
(3)　$y = (x-1)(x-2)(x-3)$　$[1,3]$
(4)　$y = (x-1)^2(x-3)$　$[1,3]$

3.5　平均値の定理

定理 3.9　(平均値の定理)　関数 $y = f(x)$ は $[a,b]$ で連続で (a,b) で微分可能とする．このとき

$$\frac{f(b) - f(a)}{b - a} = f'(c) \tag{3.19}$$

を満たす c が区間 (a,b) に存在する (図 **3.2**)．

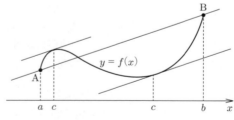

図 **3.2**　平均値の定理

証明　$k = \dfrac{f(b) - f(a)}{b - a}$ とおく．$f(b) - f(a) - k(b - a) = 0$ が成り立つ．そこで関数 $F(x)$ を

$$F(x) = f(x) - f(a) - k(x - a)$$

で定めると，この $F(x)$ は $[a,b]$ で連続で，(a,b) で微分可能な関数となる．さらに

$$F(a) = F(b) = 0$$

よりロールの定理の仮定を満たしている．よってロールの定理より

$$F'(c) = 0$$

を満たす c が区間 (a,b) に存在する．

$$F'(x) = f'(x) - k$$

だから

$$0 = F'(c) = f'(c) - k$$

よって $k = f'(c)$ となる． □

注意：曲線 $y = f(x)$ 上に 2 点 $A(a, f(a))$, $B(b, f(b))$ をとると，平均値の定理の左辺は直線 AB の傾きとなるので，結論は，傾きが直線 AB と等しい $y = f(x)$ の接線が存在することを示している．このことを考慮して直線 AB を新たな x 軸とみると，ロールの定理から平均値の定理が成り立つことは明らかであろう．

例題 3.8 2 次関数 $f(x) = px^2 + qx + r \ (p \neq 0)$ の区間 $[a,b]$ について平均値の定理を満たす定数 c の値を求めよ．

【解答】 $\dfrac{f(b) - f(a)}{b - a} = \dfrac{p(b^2 - a^2) + q(b - a)}{b - a} = p(b + a) + q$ であり，$f'(x) = 2px + q$ だから，$p(b + a) + q = 2pc + q$ となる．よって $c = \dfrac{a + b}{2}$ となる． ◇

例 3.3

(1)　$y = x^2 + 4x - 3$ の $[1, 3]$ での c は $c = 2$．
(2)　$y = -x^2 + 5x + 6$ の $[-1, 3]$ での c は $c = 1$．

平均値の定理の式は $\dfrac{f(b) - f(a)}{b - a} = f'(c)$ であった．したがって

$$f(b) = f(a) + f'(c)(b - a) \tag{3.20}$$

となる．$a < c < b$ であるから，もし $b-a$ の値が非常に小さいとすると $c-a$ の値はより小さくなるので，$f'(c)$ の値はほぼ $f'(a)$ の値とみなせる．そこでつぎのような**近似式**

$$f(b) \fallingdotseq f(a) + f'(a)(b-a) \tag{3.21}$$

が成り立つ．この式を **1 次の近似式**と呼ぶ．近似値を求めるのに有効な式である．

例題 3.9 $\sqrt{4.1}$ の近似値を求めよ．

【解答】 $f(x) = \sqrt{x}$，$b = 4.1$，$a = 4$ とおき，$b - a = 0.1$ を小さい値とみなして近似式を適用する．$f'(x) = \dfrac{1}{2\sqrt{x}}$ なので $f(4) = \sqrt{4} = 2$，$f'(4) = \dfrac{1}{4}$．よって $\sqrt{4.1} \fallingdotseq 2 + \dfrac{1}{4} \times 0.1 \fallingdotseq 2.025$ となる． ◇

つぎに平均値の定理によく似ているが，次節で学ぶロピタルの定理を示すのに重要な役割を果たす定理を示す．

定理 3.10 （コーシーの平均値の定理） 2 つの関数 $y = f(x)$, $y = g(x)$ は共に $[a, b]$ で連続で (a, b) で微分可能とする．このとき $g'(x) \neq 0$ ならば

$$\frac{f(b) - f(a)}{g(b) - g(a)} = \frac{f'(c)}{g'(c)} \tag{3.22}$$

となる c が区間 (a, b) に存在する．

証明

$$\frac{f(b) - f(a)}{g(b) - g(a)} = k$$

とおく．このとき $f(b) - f(a) - k(g(b) - g(a)) = 0$ である．関数 $G(x)$ を

$$G(x) = f(x) - f(a) - k(g(x) - g(a))$$

とおくと，$G(x)$ は

$$G(a) = G(b) = 0$$

となり，ロールの定理の仮定を満たす．よってロールの定理から

$$G'(c) = 0$$

となる c が区間 (a,b) に存在する．このとき

$$G'(x) = f'(x) - kg'(x)$$

だから

$$0 = G'(c) = f'(c) - kg'(c)$$

となり結論が導かれた． □

注意：コーシーの平均値は，2つの関数 $f(x)$, $g(x)$ に平均値の定理を適用して $f(x)$ の式を $g(x)$ の式で割ると似た式が出てくる．しかしながら，その等式ではこの定理を導くことはできない．その違いをよく理解してほしい．

問　題　3.5

問 1. つぎの関数について，右に示した区間で平均値の定理を満たす c を求めよ．
　(1)　$y = x^3 + 3x^2 + 2x + 1$　　$[1, 2]$
　(2)　$y = (x-1)(x-2)(x-3)$　　$[0, 3]$　　(3)　$y = (x-1)^2(x-2)$　　$[-1, 3]$

問 2. 式 (3.21) を用いて，つぎの値の近似値を求めよ．
　(1)　$\sqrt[3]{8.01}$　　(2)　$\sqrt{8.99}$

3.6　ロピタルの定理

関数の極限に関してつぎの定義を改めて考察する．

定義 3.2　a は定数 (または $\pm\infty$) とする．このとき2つの関数 $f(x)$, $g(x)$ に対して

74   3. 微分の応用

(1) $f(a) = g(a) = 0$ のとき ($a = \infty$ または $-\infty$ の場合は $\lim_{x \to a} f(x) = \lim_{x \to a} g(x) = 0$ のとき), $\lim_{x \to a} \dfrac{f(x)}{g(x)}$ を $\dfrac{0}{0}$ 型の不定形と呼ぶ.

(2) $\lim_{x \to a} |f(x)| = \lim_{x \to a} |g(x)| = \infty$ のとき, $\lim_{x \to a} \dfrac{f(x)}{g(x)}$ を $\dfrac{\infty}{\infty}$ 型の不定形と呼ぶ.

ここでは，この 2 つの型の不定形について，その極限を求める方法を考える．そのためには，つぎのロピタルの定理が有効である．

定理 3.11 （ロピタルの定理 I, $\dfrac{0}{0}$ 型, a は定数）

関数 $f(x)$, $g(x)$ が $f(a) = g(a) = 0$ を満たし，$x = a$ の近くで微分可能で，$g'(x) \neq 0$ とする．このとき，$\lim_{x \to a} \dfrac{f'(x)}{g'(x)}$ が存在するならば

$$\lim_{x \to a} \frac{f(x)}{g(x)} = \lim_{x \to a} \frac{f'(x)}{g'(x)} \tag{3.23}$$

が成り立つ．

証明 コーシーの平均値定理より，十分 a に近い $x \neq a$ に対して

$$\frac{f(x) - f(a)}{g(x) - g(a)} = \frac{f'(c)}{g'(c)}$$

を満たす c が a と x の間に存在する．$x \to a$ とするとき $c \to a$ であるから，$f(a) = g(a) = 0$ であることに注意して

$$\lim_{x \to a} \frac{f(x)}{g(x)} = \lim_{c \to a} \frac{f'(c)}{g'(c)} = \lim_{x \to a} \frac{f'(x)}{g'(x)}$$

を得る． □

このほかにも，つぎのような形のロピタルの定理が知られている．

定理 3.12 （ロピタルの定理 II, $\dfrac{0}{0}$ 型, $a = \pm\infty$）

関数 $f(x)$, $g(x)$ は微分可能で，$\lim_{x \to \infty} f(x) = \lim_{x \to \infty} g(x) = 0$ を満たすとする．このとき，$\lim_{x \to \infty} \dfrac{f'(x)}{g'(x)}$ が存在するならば

3.6 ロピタルの定理

$$\lim_{x\to\infty}\frac{f(x)}{g(x)} = \lim_{x\to\infty}\frac{f'(x)}{g'(x)} \tag{3.24}$$

が成り立つ．

定理 3.13 （ロピタルの定理 III, $\dfrac{\infty}{\infty}$ 型, a は定数）

関数 $f(x), g(x)$ が微分可能で，$\lim_{x\to a} f(x) = \pm\infty$, $\lim_{x\to a} g(x) = \pm\infty$ を満たすとする．このとき，$\lim_{x\to a}\dfrac{f'(x)}{g'(x)}$ が存在するならば

$$\lim_{x\to a}\frac{f(x)}{g(x)} = \lim_{x\to a}\frac{f'(x)}{g'(x)} \tag{3.25}$$

が成り立つ．

定理 3.14 （ロピタルの定理 IV, $\dfrac{\infty}{\infty}$ 型, $a = \pm\infty$）

関数 $f(x), g(x)$ が微分可能で，$\lim_{x\to\infty} f(x) = \pm\infty$, $\lim_{x\to\infty} g(x) = \pm\infty$ を満たすとする．このとき，$\lim_{x\to\infty}\dfrac{f'(x)}{g'(x)}$ が存在するならば

$$\lim_{x\to\infty}\frac{f(x)}{g(x)} = \lim_{x\to\infty}\frac{f'(x)}{g'(x)} \tag{3.26}$$

が成り立つ．

例 3.4 $\displaystyle\lim_{x\to 1}\frac{x^2-3x+2}{x^2-1} = \lim_{x\to 1}\frac{2x-3}{2x} = -\frac{1}{2}$

例 3.5 $\displaystyle\lim_{x\to 0}\frac{\sin 2x}{x} = \lim_{x\to 0} 2\cos 2x = 2$

例 3.6 $\displaystyle\lim_{x\to\infty}\frac{e^x}{x^2} = \lim_{x\to\infty}\frac{e^x}{2x} = \lim_{x\to\infty}\frac{e^x}{2} = \infty$

注意：ロピタルの定理はすべての極限に対して有効な公式とは限らない．例えば

$$\lim_{x\to 1}\frac{2x^2+3}{x-1} = \lim_{x\to 1}\frac{4x}{1} = 4$$

は明らかに誤りである．なぜならば，$\dfrac{0}{0}$ や $\dfrac{\infty}{\infty}$ の不定形ではないからである．定理の扱いには注意を要する．

ロピタルの定理を用いるとやや複雑な形の極限値を求めることが可能となる．

例題 3.10 $L = \lim_{x \to 0} \left(\dfrac{1}{x} - \dfrac{1}{\sin x} \right)$ を求めよ．

【解答】 $L = \lim_{x \to 0} \dfrac{\sin x - x}{x \sin x}$ となるので $\dfrac{0}{0}$ 型の不定形となる．このとき

$$L = \lim_{x \to 0} \dfrac{\cos x - 1}{\sin x + x \cos x} = \lim_{x \to 0} \dfrac{-\sin x}{2\cos x - x \sin x} = \dfrac{0}{2} = 0 \qquad \diamond$$

例題 3.11 $L = \lim_{x \to +0} x \log x$ を求めよ．

【解答】 $L = \lim_{x \to +0} \dfrac{\log x}{\dfrac{1}{x}}$ とおくとロピタルの定理が適用される．

$$L = \lim_{x \to +0} \dfrac{\dfrac{1}{x}}{-\dfrac{1}{x^2}} = \lim_{x \to +0} (-x) = 0 \qquad \diamond$$

注意：上の例題 3.11 のように

$$f(a) = 0, \quad \lim_{x \to a} |g(x)| = \infty$$

のとき $\lim_{x \to a} f(x)g(x)$ を $0 \cdot \infty$ 型の不定形と呼ぶことにする．このときは $\left(\dfrac{1}{f(x)} \right)'$, $\left(\dfrac{1}{g(x)} \right)'$ の導関数の難易によって

$$\lim_{x \to a} \dfrac{g(x)}{\dfrac{1}{f(x)}}, \quad \text{または} \quad \lim_{x \to a} \dfrac{f(x)}{\dfrac{1}{g(x)}}$$

でロピタルの定理を用いればよい．

最後に $\lim_{x \to a} f(x)^{g(x)}$ の形の極限を考える．ただし，つぎの (1), (2) に示す場合のみとする．

(1) $f(a) = 0, \ g(a) = 0$

3.6 ロピタルの定理

(2) $f(a) = 1$, $\lim_{x \to a} |g(x)| = \infty$

求める方法としてまず

$$L = \lim_{x \to a} \log f(x)^{g(x)} \tag{3.27}$$

の形の極限を計算する．もし，この値が b ならば求める極限値は

$$\lim_{x \to a} f(x)^{g(x)} = e^b \tag{3.28}$$

となる．さて，L の値は

$$L = \lim_{x \to a} g(x) \log f(x)$$

より (1), (2) いずれの場合でも $0 \cdot \infty$ 型の不定形となる．したがって，前の例題と同様の操作でロピタルの定理が適用可能となる．

例題 3.12 $\lim_{x \to +0} x^x$ を求めよ．

【解答】 $L = \lim_{x \to +0} \log x^x$ とおく．このとき $L = \lim_{x \to +0} x \log x$ となり，例題 3.11 から $L = 0$ を得る．したがって，$\lim_{x \to +0} x^x = 1$ である． ◇

問　題　3.6

問 1. つぎの極限値を求めよ．

(1) $\lim_{x \to 1} \dfrac{x^2 + x - 2}{x - 1}$　　(2) $\lim_{x \to 2} \dfrac{x^3 - 8}{x^2 - x - 2}$　　(3) $\lim_{x \to 0} \dfrac{e^x - 1}{x}$

(4) $\lim_{x \to \infty} \dfrac{\log x}{x}$　　(5) $\lim_{x \to 0} \dfrac{1 - \cos x}{x^2}$

問 2. つぎの極限値を求めよ．

(1) $\lim_{x \to 0} \left\{ \dfrac{1}{x} - \dfrac{1}{\log(1 + x)} \right\}$　　(2) $\lim_{x \to +0} \sin x (\log x)$

問 3. つぎの極限値を求めよ．

(1) $\lim_{x \to +0} x^{\sin x}$　　(2) $\lim_{x \to 0} (\cos x)^{\frac{1}{x^2}}$

3.7 関数の増減と極値・凹凸

関数の増減と導関数の符号にはつぎのような関係が成り立つ．

定理 3.15 関数 $f(x)$ は $[a,b]$ で連続，(a,b) で微分可能とする．
(1) (a,b) でつねに $f'(x) > 0$ ならば，$f(x)$ は $[a,b]$ で単調に増加する．
(2) (a,b) でつねに $f'(x) < 0$ ならば，$f(x)$ は $[a,b]$ で単調に減少する．
(3) (a,b) でつねに $f'(x) = 0$ ならば，$f(x)$ は $[a,b]$ で定数である．

証明 区間 $[a,b]$ 内の任意の 2 点 $p, q\ (p < q)$ をとると平均値の定理より

$$\frac{f(q)-f(p)}{q-p} = f'(c), \quad p < c < q$$

を満たす実数 c が存在する．
(1) 仮定より，$q - p > 0$, $f'(c) > 0$ であるから，$f(q) - f(p) > 0$. よって $f(p) < f(q)$ となる．したがって，$f(x)$ は $[a,b]$ で単調に増加する．
(2) 仮定より，$q - p > 0$, $f'(c) < 0$ であるから，$f(q) - f(p) < 0$. よって $f(p) > f(q)$ となる．したがって，$f(x)$ は $[a,b]$ で単調に減少する．
(3) 仮定より，$f'(c) = 0$ であるから，$f(q) - f(p) = 0$. よって $f(p) = f(q)$ となる．したがって，$f(x)$ は $[a,b]$ で定数である． □

つぎに，極大値，極小値を定義しよう．

定義 3.3 (**極大値，極小値**) 関数 $y = f(x)$ が $x = a$ で**極大値** $f(a)$ をとるとは，a の近くの任意の x について

$$f(x) < f(a) \quad (x \neq a)$$

が成り立つことをいい，同様に $x = b$ で**極小値** $f(b)$ をとるとは，b の近くの任意の x について

$f(x) > f(b) \qquad (x \ne b)$

が成り立つことをいう．極大値と極小値をあわせて**極値**と呼ぶ (図 **3.3**).

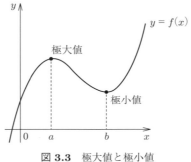

図 **3.3** 極大値と極小値

極値についてつぎのことが成り立つ．

定理 3.16 微分可能な関数 $y = f(x)$ が $x = a$ で極値をもつならば

$$f'(a) = 0 \tag{3.29}$$

である．

証明 $f(a)$ が極値なので，a を含む十分小さな有限閉区間に限定すれば，$f(a)$ はこの有限閉区間で最大値または最小値となる．よって，ロールの定理 (定理 3.8) の証明と同様にして，$f'(a) = 0$ を得る． □

最初に，高校の数学 II で学んだ 3 次関数に関してその極値を考え，そしてその曲線のグラフの概形をかこう．

例題 3.13 $f(x) = x^3 - 3x^2 - 9x + 2$ の極値を求め，グラフの概形をかけ．

【解答】 $f'(x) = 3x^2 - 6x - 9 = 3(x^2 - 2x - 3)$，よって $x = 3, -1$ で $f'(x) = 0$ となり，$f(x)$ の値の増減は表 **3.1** のようになる．

表 3.1

x	$\cdots$	-1	$\cdots$	3	$\cdots$
$f'(x)$	$+$	0	$-$	0	$+$
$f(x)$	↗	極大	↘	極小	↗

よって $x=-1$ で極大値 7, $x=3$ で極小値 -25 をとる．また，グラフは図 **3.4** のようになる．

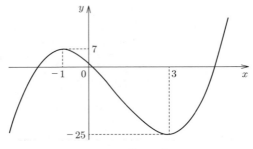

図 **3.4**　$f(x) = x^3 - 3x^2 - 9x + 2$　　　　　◇

注意：表 3.1 のような表を**増減表**という．表中の ↗ はその区間で $f(x)$ が単調に増加することを表し，↘ はその区間で $f(x)$ が単調に減少することを表している．

上の例題では関数の増減についての情報からグラフをかいたが，より正確なグラフをかくために，凹凸の概念を導入しよう．

定義 3.4　（**曲線の凹凸**）　曲線 $y = f(x)$ 上の点 A での接線が曲線より下にあるとき，点 A の近くで曲線は**下に凸**であるといい（図 **3.5**），接線が曲線の上にあるとき**上に凸**であるという（図 **3.6**）．

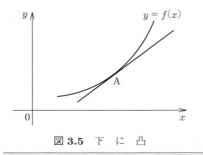

図 **3.5**　下に凸　　　　　　　　　図 **3.6**　上に凸

下に凸なグラフでは，x の値が増加するにつれて接線の傾きも増加する．したがって，区間 I において，つねに $f''(x) > 0$ ならば，定理 3.15 より $f'(x)$ は単調に増加するので，この区間で $f(x)$ の表す曲線は下に凸であることがわかる．$f''(x) < 0$ のときも同様に考えれば，つぎの定理が得られる．

定理 3.17 関数 $f(x)$ が区間 I で 2 回微分可能であるとき
(1) 区間 I でつねに $f''(x) > 0$ ならば，$y = f(x)$ は区間 I で下に凸．
(2) 区間 I でつねに $f''(x) < 0$ ならば，$y = f(x)$ は区間 I で上に凸．

定義 3.5 上に凸から下に凸，あるいは下に凸から上に凸に変わる点 $C(c, f(c))$ を**変曲点**と呼ぶ．$y = f(x)$ が 2 回微分可能のとき，実数 c は

$$f''(c) = 0$$

を満たすことが知られている．

例題 3.14 つぎの関数の増減，凹凸を調べ，極値および変曲点を求めよ．また，グラフの概形をかけ．
(1) $y = x^3 - 3x^2 + 2$ (2) $y = x^4 - 2x^2 - 3$

【解答】(1) $y' = 3x^2 - 6x$, $y'' = 6x - 6$ となる．$y' = 0$ とすると $x = 0, 2$ であり，$y'' = 0$ とすると $x = 1$ であるので，増減，凹凸は**表 3.2** のようになる．

表 3.2

x	$\cdots$	0	$\cdots$	1	$\cdots$	2	$\cdots$
y'	+	0	−	−	−	0	+
y''	−	−	−	0	+	+	+
y	↗	2	↘	0	↘	−2	↗

よって，$x = 0$ のとき極大値 2，$x = 2$ のとき極小値 −2，変曲点は $(1, 0)$ であり，グラフは**図 3.7** のようになる．

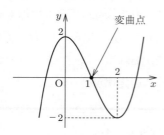

図 3.7　$y = x^3 - 3x^2 + 2$

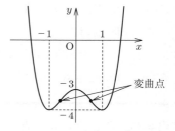

図 3.8　$y = x^4 - 2x^2 - 3$

(2) $y' = 4x^3 - 4x$, $y'' = 12x^2 - 4$ となる．$y' = 0$ とすると $x = 0, \pm 1$ であり，$y'' = 0$ とすると $x = \pm \dfrac{1}{\sqrt{3}}$ であるので，増減，凹凸は**表 3.3** のようになる．

表 3.3

x	$\cdots$	-1	$\cdots$	$-\frac{1}{\sqrt{3}}$	$\cdots$	0	$\cdots$	$\frac{1}{\sqrt{3}}$	$\cdots$	1	$\cdots$
y'	$-$	0	$+$	$+$	$+$	0	$-$	$-$	$-$	0	$+$
y''	$+$	$+$	$+$	0	$-$	$-$	$-$	0	$+$	$+$	$+$
y	↘	-4	↗	$-\frac{32}{9}$	↗	-3	↘	$-\frac{32}{9}$	↘	-4	↗

よって，$x = 0$ のとき極大値 -3，$x = \pm 1$ のとき極小値 -4，変曲点は $\left(\pm \dfrac{1}{\sqrt{3}}, -\dfrac{32}{9} \right)$ であり，グラフは図 **3.8** のようになる． ◇

注意：表 3.2，表 3.3 において，↘ は下に凸で単調減少，↗ は下に凸で単調増加，↗ は上に凸で単調増加，↘ は上に凸で単調減少を表している．

問　題　3.7

問 1. つぎの関数の増減，凹凸を調べ，極値および変曲点を求めよ．また，グラフの概形をかけ．

(1)　$y = x^3 - 2x^2 + x$　　(2)　$y = 3x^4 - 8x^3 + 6x^2$　　(3)　$y = -x^4 + 4x^2$

3.8 曲線のグラフ

前節で学んだことをふまえて複雑な曲線のグラフの概形をかこう．複雑な関数 $y = f(x)$ のグラフをかくときは，つぎの順に調べるとよい．
(1) 関数の定義域を確かめ，不連続点を調べる．
(2) $f'(x) = 0$ となる x を求め，関数の増減，極値を調べる．
(3) $f''(x) = 0$ となる x を求め，グラフの凹凸，変曲点を調べる．
(4) 定義域の端の点 ($x \to \infty$, $x \to -\infty$ も含む) の極限を調べる．
(5) 増減，凹凸の表を書く．
(6) 座標軸との共有点を求める．
(7) グラフをかく．

例題 3.15 $y = x^2 e^{-x}$ の増減，凹凸を調べ，グラフの概形をかけ．

【解答】 $y' = -(x^2 - 2x)e^{-x}$, $y'' = (x^2 - 4x + 2)e^{-x}$ となるので，$y' = 0$ となるのは $x = 0, 2$, $y'' = 0$ となるのは $x = 2 \pm \sqrt{2}$ である．また，$\lim_{x \to -\infty} x^2 e^{-x} = \infty$ であり，ロピタルの定理より

$$\lim_{x \to \infty} x^2 e^{-x} = \lim_{x \to \infty} \frac{x^2}{e^x} = \lim_{x \to \infty} \frac{2x}{e^x} = \lim_{x \to \infty} \frac{2}{e^x} = 0$$

となる．したがって，増減，凹凸は**表 3.4** のようになる．

表 3.4

x	$-\infty$	$\cdots$	0	$\cdots$	$2-\sqrt{2}$	$\cdots$	2	$\cdots$	$2+\sqrt{2}$	$\cdots$	∞
y'	$-\infty$	$-$	0	$+$	$+$	$+$	0	$-$	$-$	$-$	∞
y''		$+$	$+$	$+$	0	$-$	$-$	$-$	0	$+$	
y	∞	↘	0	↗	変曲点	↗	$\dfrac{4}{e^2}$	↘	変曲点	↘	0

よって，グラフの概形は**図 3.9** のようになる．

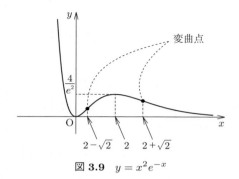

図 3.9 $y = x^2 e^{-x}$

問題 3.8

問 1. つぎの関数の増減，凹凸を調べグラフの概形をかけ．
(1) $y = xe^{-x}$ (2) $y = x^5 - 5x^4$ (3) $y = \dfrac{x}{x^2+1}$
(4) $y = e^{-2x^2}$

3.9 テイラーの定理

テイラーの定理を述べる前に，例えば，多項式 $f(x) = x^3$ を

$$a_0 + a_1(x-1) + a_2(x-1)^2 + a_3(x-1)^3$$

の形に変形したときの定数 a_0, a_1, a_2, a_3 の値を求めてみよう．高等学校で学んだ**恒等式**の概念を用いると，$a_0 = f(1) = 1$ となる．a_1 は

$$f(x) = a_0 + a_1(x-1) + a_2(x-1)^2 + a_3(x-1)^3$$

だから両辺を x で微分して

$$f'(x) = a_1 + 2a_2(x-1) + 3a_3(x-1)^2$$

が得られるので $a_1 = f'(1) = 3$ となる．同様にして微分を繰り返すと

$$a_2 = \frac{1}{2!}f''(1) = 3, \quad a_3 = \frac{1}{3!}f'''(1) = 1$$

となる．この考え方を一般の関数に適用したものがテイラーの定理と呼ばれるものである．

定理 3.18 (テイラーの定理)　$y = f(x)$ は，$(n-1)$ 次導関数 $f^{(n-1)}(x)$ が区間 $[a, b]$ で連続で，区間 (a, b) で微分可能であるような関数とする．このとき

$$f(b) = f(a) + f'(a)(b-a) + \frac{f''(a)}{2!}(b-a)^2 + \cdots$$
$$+ \frac{f^{(n-1)}(a)}{(n-1)!}(b-a)^{n-1} + \frac{f^{(n)}(c)}{n!}(b-a)^n \quad (3.30)$$

を満たす c が区間 (a, b) に存在する．

証明　$n = 1$ のときは平均値の定理を変形するとただちに出る．$n = 2$ のとき定数 k をつぎの式を満たすように定めておく．

$$f(b) = f(a) + f'(a)(b-a) + k(b-a)^2$$

このとき，$k = \dfrac{f''(c)}{2}$ となることを示そう．いま新しい関数 $F(x)$ を

$$F(x) = f(b) - \{f(x) + f'(x)(b-x) + k(b-x)^2\}$$

と定める．$F(a) = F(b) = 0$ より $F(x)$ はロールの定理の仮定を満たしている．よって，ロールの定理から $F'(c) = 0$ となる c が区間 (a, b) にとれる．

$$F'(x) = -f'(x) - f''(x)(b-x) + f'(x) + 2k(b-x)$$
$$= -f''(x)(b-x) + 2k(b-x)$$

となるので

$$0 = F'(c) = -f''(c)(b-c) + 2k(b-c)$$

となる．よって，$k = \dfrac{f''(c)}{2}$ が成り立つ．

$n \geq 3$ のときも同様に証明できる (各自確かめよ). □

いま, テイラーの定理で $a = 0$, $b = x$, $c = \theta x$ (ただし, $0 < \theta < 1$ とする) とおくと, つぎの形の定理が得られる.

定理 3.19 (マクローリンの定理)

$$f(x) = f(0) + f'(0)x + \frac{f''(0)}{2!}x^2 + \cdots$$
$$+ \frac{f^{(n-1)}(0)}{(n-1)!}x^{n-1} + \frac{f^{(n)}(\theta x)}{n!}x^n \tag{3.31}$$

が成り立つ. ただし, θ は $0 < \theta < 1$ を満たす適当な正数である.

例題 3.16 つぎの関数にマクローリンの定理を適用せよ.

(1)　$f(x) = e^x$　　(2)　$f(x) = \sin x$　　(3)　$f(x) = \cos x$

【解答】 (1) 自然数 k について $f^{(k)}(x) = e^x$ となるので, $f^{(k)}(0) = 1$ になる. よって

$$e^x = 1 + \frac{1}{1!}x + \cdots + \frac{1}{(n-1)!}x^{n-1} + \frac{e^{\theta x}}{n!}x^n$$

(2) 自然数 k について $f^{(k)}(x) = \sin\left(x + \frac{k\pi}{2}\right)$ より

$$f^{(k)}(0) = \begin{cases} (-1)^{m-1} & (k = 2m-1 \text{ のとき}) \\ 0 & (k = 2m \text{ のとき}) \end{cases}$$

となる (ただし, m は自然数). よって, $n = 2m$ または $2m+1$ のとき

$$\sin x = x - \frac{1}{3!}x^3 + \cdots + \frac{(-1)^{m-1}}{(2m-1)!}x^{2m-1} + \frac{x^n}{n!}\sin\left(\theta x + \frac{n\pi}{2}\right)$$

(3) 自然数 k について $f^{(k)}(x) = \cos\left(x + \frac{k\pi}{2}\right)$ より

$$f^{(k)}(0) = \begin{cases} 0 & (k = 2m-1 \text{ のとき}) \\ (-1)^m & (k = 2m \text{ のとき}) \end{cases}$$

となる（ただし，m は自然数）．よって，$n = 2m+1$ または $2m+2$ のとき

$$\cos x = 1 - \frac{1}{2!}x^2 + \cdots + \frac{(-1)^m}{(2m)!}x^{2m} + \frac{x^n}{n!}\cos\left(\theta x + \frac{n\pi}{2}\right) \qquad \diamondsuit$$

さてテイラーの定理の応用として近似値の求め方を再考してみたい．いま，$h = b - a$ の値が非常に小さいときは，$f^{(n)}(c)$ は $f^{(n)}(a)$ とほとんど差がないので $n = 2$ のとき

$$f(b) \fallingdotseq f(a) + f'(a)h + \frac{f''(a)}{2!}h^2 \tag{3.32}$$

$n = 3$ のとき

$$f(b) \fallingdotseq f(a) + f'(a)h + \frac{f''(a)}{2!}h^2 + \frac{f'''(a)}{3!}h^3 \tag{3.33}$$

$\vdots$

$n = k$ のとき

$$f(b) \fallingdotseq f(a) + f'(a)h + \cdots + \frac{f^{(k-1)}(a)}{(k-1)!}h^{k-1} + \frac{f^{(k)}(a)}{k!}h^k \tag{3.34}$$

これらの近似式をそれぞれ **2 次の近似式**，**3 次の近似式**，$\cdots$，**k 次の近似式**と呼ぶことにする．

例題 3.17 $\sqrt{4.1}$ の近似値を 2 次の近似式を用いて求めよ．

【解答】 $f(x) = \sqrt{x}$, $a = 4$, $h = 0.1$ より $f'(x) = \dfrac{1}{2\sqrt{x}}$, $f''(x) = -\dfrac{1}{4\sqrt{x^3}}$ だから $f(4) = 2$, $f'(4) = \dfrac{1}{4}$, $f''(4) = -\dfrac{1}{32}$ となる．よって

$$\sqrt{4.1} \fallingdotseq 2 + \frac{1}{4} \times 0.1 - \frac{1}{64} \times 0.01 \fallingdotseq 2.02484375$$

となる．

問　題　3.9

問 1. つぎの式が恒等式になるように係数を定めよ．
(1) $x^3 + x + 1 = a_0 + a_1(x-2) + a_2(x-2)^2 + a_3(x-2)^3$
(2) $x^4 + x^2 + 2 = a_0 + a_1(x+1) + a_2(x+1)^2 + a_3(x+1)^3 + a_4(x+1)^4$

問 2. つぎの関数にマクローリンの定理を適用せよ．ただし，$n=4$ とする．
(1) $f(x) = \dfrac{1}{1-x}$　　(2) $f(x) = \log(1+x)$　　(3) $f(x) = \sqrt{1+x}$

問 3. つぎの値の近似値を 2 次の近似式を用いて小数第 3 位までを求めよ．
(1) $\sqrt[3]{8.1}$　　(2) $\sqrt{1.01}$

3.10　べき級数展開

定義 3.6　いま，$f(x)$ が無限個の定数 $a_0, a_1, \cdots, a_n, \cdots$ を用いて

$$f(x) = a_0 + a_1(x-a) + \cdots + a_n(x-a)^n + \cdots$$

と表されているとき，この $f(x)$ を x の**べき級数**と呼ぶ．

テイラーの定理，またマクローリンの定理において，もし $\displaystyle\lim_{n\to\infty} \dfrac{f^{(n)}(c)}{n!}(x-a)^n = 0$ となるような x の範囲 $|x-a| < R$ （あるいは $|x| < R$）がわかれば，$f(x)$ はつぎの形にべき級数展開できることが証明できる．

定理 3.20　（テイラー展開）
$$f(x) = f(a) + f'(a)(x-a) + \dfrac{f''(a)}{2!}(x-a)^2 + \cdots$$
$$+ \dfrac{f^{(n)}(a)}{n!}(x-a)^n + \cdots \quad (|x-a| < R) \qquad (3.35)$$

式 (3.35) を $f(x)$ の**テイラー展開**という．

3.10 べき級数展開

さらに $a=0$ のときには，つぎの定理が成り立つ.

定理 3.21 （マクローリン展開）

$$f(x) = f(0) + f'(0)x + \frac{f''(0)}{2!}x^2 + \cdots$$
$$+ \frac{f^{(n)}(0)}{n!}x^n + \cdots \quad (|x| < R) \tag{3.36}$$

式 (3.36) を $f(x)$ の**マクローリン展開**という．

注意：定理に現れる R を求めるのは非常に難しい．本書で扱う初等関数についてはおおむね $R = \infty$ （すなわち，x は任意の実数）または $R = 1$ であることがわかっている．そこで，本書ではこの x の範囲については考慮しないでべき級数展開についてのみ考えることにする．

例題 3.18 つぎの関数をマクローリン展開せよ．

(1) $f(x) = e^x$　　(2) $f(x) = \sin x$　　(3) $f(x) = \cos x$
(4) $f(x) = (x-1)^4$

【解答】 (1) $f^{(n)}(x) = e^x$ より $f^{(n)}(0) = 1$ となる．したがって

$$e^x = 1 + x + \frac{1}{2!}x^2 + \frac{1}{3!}x^3 + \cdots$$

(2) $f^{(n)}(x) = \sin\left(x + \frac{n\pi}{2}\right)$ より，$n = 2m$ のときは

$$f^{(n)}(0) = 0$$

$n = 2m+1$ のとき

$$f^{(n)}(0) = (-1)^m$$

となる．よって

$$\sin x = x - \frac{1}{3!}x^3 + \frac{1}{5!}x^5 - \frac{1}{7!}x^7 + \cdots$$

(3) $f^{(n)}(x) = \cos\left(x + \dfrac{n\pi}{2}\right)$ より, $n = 2m+1$ のときは
$$f^{(n)}(0) = 0$$
$n = 2m$ のとき
$$f^{(n)}(0) = (-1)^m$$
となる．よって
$$\cos x = 1 - \frac{1}{2!}x^2 + \frac{1}{4!}x^4 - \frac{1}{6!}x^6 + \cdots$$

(4) $f'(x) = 4(x-1)^3, f''(x) = 12(x-1)^2, f'''(x) = 24(x-1), f^{(4)}(x) = 24$, $n \geq 5$ では $f^{(n)}(x) = 0$ より
$$f'(0) = -4,\ f''(0) = 12,\ f'''(0) = -24,\ f^{(4)}(0) = 24,$$
$$f^{(n)}(0) = 0$$
となる．したがって
$$(x-1)^4 = x^4 - 4x^3 + 6x^2 - 4x + 1$$
とよく知られた展開式が得られる． ◇

この例題で，例えば $f(x) = e^x$ の x の値を 1 とすると
$$e = 1 + \frac{1}{1!} + \frac{1}{2!} + \frac{1}{3!} + \cdots$$
が得られる．この値を何項か計算すればよく知られた値
$$e = 2.71828\cdots$$
が得られる．

e^x のマクローリン展開にならって，指数部分を複素数まで拡張し
$$e^{ix} = 1 + \frac{ix}{1!} + \frac{(ix)^2}{2!} + \frac{(ix)^3}{3!} + \frac{(ix)^4}{4!} + \cdots$$
と定める (x は実数)．

このとき，e^x, $\sin x$, $\cos x$ のマクローリン展開を利用するとつぎの公式が証明できる．

定理 3.22 （オイラーの公式） i は虚数単位（$i = \sqrt{-1}$）とする．このとき任意の実数 θ について

$$e^{i\theta} = \cos\theta + i\sin\theta \tag{3.37}$$

が成り立つ．

証明 $e^x = 1 + x + \dfrac{1}{2!}x^2 + \dfrac{1}{3!}x^3 + \cdots$ に $x = i\theta$ を代入して実部，虚部を考えると

$$\begin{aligned}
e^{i\theta} &= \left(1 - \frac{1}{2!}\theta^2 + \frac{1}{4!}\theta^4 - \frac{1}{6!}\theta^6 + \cdots\right) \\
&\quad + i\left(\theta - \frac{1}{3!}\theta^3 + \frac{1}{5!}\theta^5 - \frac{1}{7!}\theta^7 + \cdots\right) \\
&= \cos\theta + i\sin\theta
\end{aligned}$$

となる． □

問題 3.10

問 1. マクローリン展開を利用してつぎの値の近似値を小数第 4 位まで求めよ．
 (1) e^2 (2) $\sqrt{e}$

問 2. つぎの関数をマクローリン展開せよ．
 (1) $f(x) = e^{-x}$ (2) $f(x) = (x-1)^5$ (3) $f(x) = \dfrac{1}{1+x}$
 (4) $f(x) = \log(1-x)$ (5) $f(x) = \sqrt{1-x}$

4 不定積分

4.1 原始関数と基本的な公式

まず不定積分とは何かを定めよう.

定義 4.1 (原始関数) $f(x)$ を 1 つの関数とする. このとき

$$F'(x) = f(x)$$

を満たす関数 $F(x)$ を $f(x)$ の**原始関数**と呼ぶ.

例 4.1 $\dfrac{1}{3}x^3$ は x^2 の原始関数である. また $\dfrac{1}{3}x^3 + 1$ も x^2 の原始関数となる.

注意：上の例でわかるように $f(x)$ の原始関数は 1 つではない. しかしながら, $F(x)$ を原始関数の 1 つとすると, ほかの原始関数は $F(x) + C$ (C は定数) の形しかないことがつぎの定理からわかる.

定理 4.1 $f(x)$ の原始関数の 1 つを $F(x)$ とおくと, $f(x)$ の任意の原始関数 $G(x)$ は $G(x) = F(x) + C$ (C は定数) の形で表せる.

証明 $F(x)$, $G(x)$ は $f(x)$ の原始関数であるから

$$\{G(x) - F(x)\}' = G'(x) - F'(x) = f(x) - f(x) = 0$$

よって，定理 3.15 (3) より $G(x) - F(x)$ は定数関数であり，$G(x) - F(x) = C$ (C は定数) と表せる．つまり，$G(x) = F(x) + C$ を得る． □

定義 4.2 (**不定積分**) $f(x)$ の原始関数は，$F(x)$ を 1 つの原始関数とすると，$F(x) + C$ とかける．ただし，C は定数である．この形の関数全体を $f(x)$ の**不定積分**といい

$$\int f(x)\,dx = F(x) + C \tag{4.1}$$

と表す．このとき，$f(x)$ を**被積分関数**，C を**積分定数**という．また不定積分を求めることを**積分する**という．これ以降，特に断りがない限り，C は積分定数を表すものとする．

例 4.2

(1) $\displaystyle\int 1\,dx = x + C$

(2) $\displaystyle\int 2x\,dx = x^2 + C$

(3) $\displaystyle\int 3x^2\,dx = x^3 + C$

つぎの定理はよく知られているものである．

定理 4.2

(1) $\displaystyle\int (f(x) + g(x))\,dx = \int f(x)\,dx + \int g(x)\,dx \tag{4.2}$

(2) $\displaystyle\int kf(x)\,dx = k\int f(x)\,dx$ (k は定数) $\tag{4.3}$

証明 (1) $F(x) = \displaystyle\int f(x)\,dx$, $G(x) = \displaystyle\int g(x)\,dx$ とおく．微分公式より

$$(F(x) + G(x))' = F'(x) + G'(x) = f(x) + g(x)$$

よって $F(x) + G(x)$ が $f(x) + g(x)$ の原始関数となる．

(2) $F(x) = \int f(x)\,dx$ とおくと

$$(kF(x))' = kF'(x) = kf(x)$$

よって $kf(x)$ の原始関数は $kF(x)$ である. □

例 4.3

(1) $\displaystyle\int (1+2x)\,dx = x + x^2 + C$

(2) $\displaystyle\int (2-3x^2)\,dx = 2x - x^3 + C$

4.2　初等関数の不定積分

初等関数についてつぎのことが成り立つ.

定理 4.3 （初等関数の不定積分）

(1) $\displaystyle\int x^a\,dx = \frac{1}{a+1} x^{a+1} + C$ 　　　　　　　　　(4.4)

　　ただし, a は -1 とは異なる実数.

(2) $\displaystyle\int \sin x\,dx = -\cos x + C$ 　　　　　　　　　(4.5)

(3) $\displaystyle\int \cos x\,dx = \sin x + C$ 　　　　　　　　　(4.6)

(4) $\displaystyle\int \frac{1}{\cos^2 x}\,dx = \tan x + C$ 　　　　　　　　　(4.7)

(5) $\displaystyle\int e^{kx}\,dx = \frac{1}{k} e^{kx} + C$ 　（k は定数）　　　(4.8)

(6) $\displaystyle\int \frac{1}{x}\,dx = \log|x| + C$ 　　　　　　　　　(4.9)

(7) $\displaystyle\int \frac{1}{\sqrt{1-x^2}}\,dx = \sin^{-1} x + C$ 　　　　　(4.10)

(8) $\displaystyle\int \frac{1}{1+x^2}\,dx = \tan^{-1} x + C$ 　　　　　　(4.11)

証明 右辺の関数を微分すればただちにわかる． □

つぎに，微分で学んだ対数微分の公式からただちにわかる定理を示す．

定理 4.4 $f(x)$ を 1 つの関数とするとき

$$\int \frac{f'(x)}{f(x)}\,dx = \log|f(x)| + C \tag{4.12}$$

が成り立つ．

証明 対数微分の公式より

$$(\log|f(x)|)' = \frac{f'(x)}{f(x)}$$

である．よって定理がいえる． □

例 4.4

(1) $\displaystyle\int \frac{dx}{x+1} = \log|x+1| + C$

(2) $\displaystyle\int \frac{2x}{x^2+1}\,dx = \log(x^2+1) + C$

例題 4.1 つぎの関数の不定積分を求めよ．

(1) x^3 (2) $\sin ax$ (a は 0 ではない実数)

(3) $\cos ax$ (a は 0 ではない実数) (4) e^{2x} (5) $\dfrac{1}{x^2}$

(6) $\tan x$

【解答】

(1) $\displaystyle\int x^3\,dx = \frac{1}{4}x^4 + C$

(2) $(\cos ax)' = -a\sin ax$ だから $\displaystyle\int \sin ax\,dx = -\frac{1}{a}\cos ax + C$

(3) $(\sin ax)' = a\cos ax$ より $\displaystyle\int \cos ax\,dx = \frac{1}{a}\sin ax + C$

(4) $\displaystyle\int e^{2x}\,dx = \frac{1}{2}e^{2x} + C$

(5) $\displaystyle\int \frac{dx}{x^2} = \int x^{-2}\,dx = (-1)x^{-1} + C = -\frac{1}{x} + C$

(6) $\tan x = \dfrac{\sin x}{\cos x}$ より $\displaystyle\int \tan x\,dx = -\log|\cos x| + C$ ◇

問　題　4.2

問 1. つぎの関数の不定積分を求めよ．
(1) x^4　　(2) x^5　　(3) $\dfrac{1}{x^3}$　　(4) $\sqrt{x}$　　(5) $\sin 2x$
(6) $\cos 3x$　　(7) e^{-3x}　　(8) $x^6 - 2x^5 + 3x^4 - 3x^2 + 2$
(9) $\dfrac{4x}{2x^2+1}$　　(10) $\dfrac{2x^3+3x^2}{x^4+2x^3+1}$

4.3　置　換　積　分

$\displaystyle\int f(x)\,dx = F(x)$ とする．いま $x = g(t)$ のように，x が t の関数となっているとき，$y = F(x) = F(g(t))$ は t の関数となる．$g(t)$ が微分可能ならば，合成関数の微分より

$$\frac{dy}{dt} = F'(x)g'(t) = f(x)g'(t) = f(g(t))g'(t)$$

が得られる．よってつぎの定理が成り立つ．

定理 4.5　（置換積分）　$x = g(t)$ が微分可能のとき

$$\int f(x)\,dx = \int f(g(t))g'(t)\,dt \tag{4.13}$$

が成り立つ．

置換積分の公式は，式 (4.13) で x と t を入れ替えて得られるつぎの形で用いることも多い．

定理 4.6 $t = g(x)$ が微分可能のとき

$$\int f(g(x))g'(x)\,dx = \int f(t)\,dt \tag{4.14}$$

特に，式 (4.14) において $g(x) = ax + b$ $(a \neq 0)$ であるときには $g'(x) = a$ であるから，つぎの定理が成り立つ．

定理 4.7 $a \neq 0$ とするとき $\int f(x)\,dx = F(x)$ ならば

$$\int f(ax+b)\,dx = \frac{1}{a}F(ax+b) + C \tag{4.15}$$

例 4.5
(1) $\displaystyle\int (2x+1)^4\,dx = \frac{1}{10}(2x+1)^5 + C$
(2) $\displaystyle\int \sqrt{3x+1}\,dx = \frac{2}{9}\sqrt{(3x+1)^3} + C$

例題 4.2 $\displaystyle\int x(x^2+2)^4\,dx$ を求めよ．

【解答】 $t = x^2 + 2$ とおく．$\dfrac{dt}{dx} = 2x$ より $dt = 2x\,dx$．

$$\int x(x^2+2)^4\,dx = \int \frac{1}{2}t^4\,dt = \frac{1}{10}t^5 + C = \frac{1}{10}(x^2+2)^5 + C \qquad \diamondsuit$$

問 題 4.3

問 1. つぎの不定積分を求めよ．
(1) $\displaystyle\int (3x-1)^5\,dx$ (2) $\displaystyle\int \frac{dx}{(2x-1)^2}$ (3) $\displaystyle\int \frac{dx}{\sqrt{x-1}}$

問 2. つぎの不定積分を求めよ．

(1) $\displaystyle\int xe^{-x^2}\,dx$ (2) $\displaystyle\int x^3(x^4+1)^5\,dx$

(3) $\displaystyle\int (2x+1)(x^2+x+2)^3\,dx$ (4) $\displaystyle\int x\sin(x^2+1)\,dx$

問 3. つぎの不定積分を求めよ．ただし，a は正の定数とする．

(1) $\displaystyle\int \frac{1}{\sqrt{a^2-x^2}}\,dx$ (2) $\displaystyle\int \frac{1}{a^2+x^2}\,dx$

4.4 部分積分

2つの関数 $f(x)$，$g(x)$ について

$$(f(x)g(x))' = f'(x)g(x) + f(x)g'(x)$$

であった．このとき

$$f(x)g'(x) = (f(x)g(x))' - f'(x)g(x)$$

が得られるので，両辺を積分することにより，つぎの定理が得られる．

定理 4.8（部分積分）

$$\int f(x)g'(x)\,dx = f(x)g(x) - \int f'(x)g(x)\,dx \tag{4.16}$$

例題 4.3 つぎの不定積分を求めよ．
(1) $\displaystyle\int xe^x\,dx$ (2) $\displaystyle\int x^2 e^x\,dx$

【解答】 (1) $f(x)=x$，$g'(x)=e^x$ とおくと

$f(x)=x$	$g(x)=e^x$
$f'(x)=1$	$g'(x)=e^x$

となる．よって，$\displaystyle\int xe^x\,dx = xe^x - \int e^x\,dx = xe^x - e^x + C$

(2) $f(x) = x^2$, $g'(x) = e^x$ とおく．このとき

$$\begin{array}{c|c} f(x) = x^2 & g(x) = e^x \\ \hline f'(x) = 2x & g'(x) = e^x \end{array}$$

となる．よって

$$I = \int x^2 e^x \, dx = x^2 e^x - \int 2xe^x \, dx = x^2 e^x - 2\int xe^x \, dx$$

(1) の結果より

$$I = x^2 e^x - 2(xe^x - e^x) + C = (x^2 - 2x + 2)e^x + C$$

となる． ◇

注意：この例題からわかるように $f(x)$ が多項式，$g'(x)$ が三角関数や指数関数のときは

$$\int f(x) g'(x) \, dx$$

を求めるには，部分積分法を何回か繰り返せばよいことになる．実際，$f(x)$ の次数分だけ部分積分法を行うと不定積分が求められる．

では，三角関数の場合を考えてみる．

例題 4.4 $\int x \sin x \, dx$ を求めよ．

【解答】 $f(x) = x$，$g'(x) = \sin x$ とおく．このとき

$$\begin{array}{c|c} f(x) = x & g(x) = -\cos x \\ \hline f'(x) = 1 & g'(x) = \sin x \end{array}$$

となる．よって

$$\int x \sin x \, dx = x(-\cos x) - \int (-\cos x) \, dx = -x\cos x + \sin x + C$$

となる． ◇

関数 $h(x)$ について，その導関数 $h'(x)$ は計算できるが，原始関数は未知であるとする．このとき $h(x)$ の不定積分は，つぎのようにして求められる．

$$f(x) = h(x),\ g'(x) = 1$$

として

$$H(x) = \int h(x)\,dx$$

とおく．このとき

$f(x) = h(x)$	$g(x) = x$
$f'(x) = h'(x)$	$g'(x) = 1$

となる．よって

$$H(x) = \int h(x) 1\,dx = xh(x) - \int xh'(x)\,dx \tag{4.17}$$

となるので，不定積分 $\int xh'(x)\,dx$ がわかると $H(x)$ が求められる．
　この方法を利用して，つぎの例題を求めよう．

例題 4.5 $\int \log x\,dx$ を求めよ．

【解答】 上の注意から $f(x) = \log x$, $g'(x) = 1$ とおくと，$f'(x) = \dfrac{1}{x}$, $g(x) = x$ より

$$\int \log x\,dx = x \log x - \int x \frac{1}{x}\,dx$$
$$= x \log x - \int dx = x \log x - x + C \qquad \diamondsuit$$

つぎの例題は三角関数と指数関数に関するものである．少し工夫が必要となる．

例題 4.6 $\int e^x \sin x\,dx$ を求めよ．

【解答】 $f(x) = e^x$, $g'(x) = \sin x$ とおくと，$f'(x) = e^x$, $g(x) = -\cos x$ より

$$I = \int e^x \sin x\,dx = e^x(-\cos x) - \int e^x(-\cos x)\,dx$$

$$= -e^x \cos x + \int e^x \cos x \, dx$$

いま $J = \displaystyle\int e^x \cos x \, dx$ とおく．

$$f(x) = e^x, \ g'(x) = \cos x$$

とすると

$$f'(x) = e^x, \ g(x) = \sin x$$

となるので

$$J = e^x \sin x - \int e^x \sin x \, dx = e^x \sin x - I$$

よって $I = -e^x \cos x + J$, $J = e^x \sin x - I$ から J を消去すると

$$2I = -e^x \cos x + e^x \sin x$$

したがって

$$I = \frac{1}{2} e^x (\sin x - \cos x) + C$$

がわかる． ◇

注意：$I = \displaystyle\int e^x \sin x \, dx$ を求めるのに $J = \displaystyle\int e^x \cos x \, dx$ も同時に求めることが可能となる．一般に

$$I = \int e^{ax} \sin bx \, dx \tag{4.18}$$

を求めるには

$$J = \int e^{ax} \cos bx \, dx \tag{4.19}$$

も必要となる．ただし，a, b は定数とする．

問　題　4.4

問 1. つぎの不定積分を求めよ．

(1) $\displaystyle\int x \cos x \, dx$　　(2) $\displaystyle\int x^2 e^{-2x} \, dx$　　(3) $\displaystyle\int x^2 \log x \, dx$

(4) $\displaystyle\int e^{2x} \cos x \, dx$

4.5　有理式の積分

$P(x)$, $Q(x)$ を多項式とするとき不定積分

$$\int \frac{P(x)}{Q(x)} \, dx$$

を求めてみる．そのためには

$$(\text{分母の次数}) > (\text{分子の次数}) \tag{4.20}$$

の場合だけ考えれば十分である．実際,「$P(x)$ の次数」$\geq$「$Q(x)$ の次数」のときは，$P(x)$ を $Q(x)$ で割ることができて，$P(x) = Q(x)A(x) + R(x)$ とかける．このとき「$R(x)$ の次数」$<$「$Q(x)$ の次数」で，かつ

$$\int \frac{P(x)}{Q(x)} \, dx = \int A(x) \, dx + \int \frac{R(x)}{Q(x)} \, dx$$

となるので，分数部分は式 (4.20) の形に帰着できる．したがって，$P(x)$ の次数が $Q(x)$ の次数よりつねに小さいとして，$I = \int \dfrac{P(x)}{Q(x)} \, dx$ という不定積分のみ考えることにする．ここで，$P(x) = kQ'(x)$ ならば

$$I = k \int \frac{Q'(x)}{Q(x)} \, dx = k \log |Q(x)| + C$$

と不定積分が求められる．そこで $P(x) \neq kQ'(x)$ のときを考える．一般には難しいので $Q(x)$ が比較的簡単な形のときを考えよう．

最初に $Q(x) = (x-a)(x-b)$ 　$(a \neq b)$ の場合を考える．この場合は

$$\int \frac{P(x)}{Q(x)} \, dx = \int \frac{P(x)}{(x-a)(x-b)} \, dx$$

で $P(x)$ は 1 次式以下の多項式となる．いま，つぎのような **分数式** の恒等式を考える．

$$\frac{P(x)}{(x-a)(x-b)} = \frac{A}{x-a} + \frac{B}{x-b} \tag{4.21}$$

ただし，A, B は定数とする．右辺を通分すると右辺の分子は $A(x-b)+B(x-a) = (A+B)x - (bA+aB)$ となるので

$$P(x) = (A+B)x - (bA+aB)$$

となり，恒等式だから A, B が求められる．このようにして定数 A, B を定め，式 (4.21) のようにかくことを**部分分数分解**と呼ぶ．

例題 4.7 $F(x) = \displaystyle\int \frac{2x+1}{x^2-3x+2}\,dx$ を求めよ．

【解答】 分母は $(x-1)(x-2)$ と因数分解できるので

$$\frac{2x+1}{(x-1)(x-2)} = \frac{A}{x-1} + \frac{B}{x-2}$$

と分解できるとする．このとき，分子について $A(x-2) + B(x-1) = 2x+1$ より $A+B=2,\ 2A+B=-1$ となるので，$A=-3,\ B=5$ となる．よって，対数微分の公式から

$$F(x) = \int \left(\frac{-3}{x-1} + \frac{5}{x-2} \right) dx = -3\log|x-1| + 5\log|x-2| + C \quad \diamondsuit$$

注意：A, B を求める方法として $P(x) = A(x-b) + B(x-a)$ となるので $x=a$ を代入すると $P(a) = A(a-b)$ より $A = \dfrac{P(a)}{a-b}$．同様に $B = \dfrac{P(b)}{b-a}$ とできる．上の例でこの方法を用いると $a=1, b=2$ だから $A = \dfrac{2+1}{1-2} = -3,\ B = \dfrac{4+1}{2-1} = 5$ を得る．この考え方を用いると $a_1, a_2, \cdots, a_n$ をすべて異なる実数として

$$Q(x) = (x-a_1)(x-a_2)\cdots(x-a_n)$$

とおくと，つぎのような分解

$$\frac{P(x)}{Q(x)} = \frac{A_1}{x-a_1} + \cdots + \frac{A_n}{x-a_n}$$

に対して，$A_1 = \dfrac{P(a_1)}{(a_1-a_2)\cdots(a_1-a_n)},\ \cdots,\ A_n = \dfrac{P(a_n)}{(a_n-a_1)\cdots(a_n-a_{n-1})}$ がいえる．このとき，各 A_i の分母は $Q'(a_i)$ に等しくなる．

例題 4.8 $F(x) = \displaystyle\int \frac{x^2+x+1}{(x-1)(x-2)(x-3)}\,dx$ を求めよ．

【解答】 $\displaystyle\frac{x^2+x+1}{(x-1)(x-2)(x-3)} = \frac{A}{x-1} + \frac{B}{x-2} + \frac{C}{x-3}$ とおく．

$$A = \frac{1+1+1}{(1-2)(1-3)} = \frac{3}{2}, \quad B = \frac{4+2+1}{(2-1)(2-3)} = -7,$$

$$C = \frac{9+3+1}{(3-1)(3-2)} = \frac{13}{2}$$

となる．よって

$$F(x) = \frac{3}{2}\int \frac{dx}{x-1} - 7\int \frac{dx}{x-2} + \frac{13}{2}\int \frac{dx}{x-3}$$

$$= \frac{3}{2}\log|x-1| - 7\log|x-2| + \frac{13}{2}\log|x-3| + C \qquad \diamondsuit$$

つぎに $Q(x) = (x-a)^n$ のときを考えてみよう．

例題 4.9 $F(x) = \displaystyle\int \frac{2x+3}{(x-1)^3}\,dx$ を求めよ．

【解答】

$$\frac{2x+3}{(x-1)^3} = \frac{A}{x-1} + \frac{B}{(x-1)^2} + \frac{C}{(x-1)^3}$$

と分解したとする．このとき

$$2x+3 = A(x-1)^2 + B(x-1) + C$$

とかける．

解法 1. 右辺を展開して整理すると

$$2x+3 = Ax^2 + (B-2A)x + (A-B+C)$$

係数を比較して $A=0,\ B=2,\ C=5$ を得る．

解法 2. 上の恒等式を，関数 $f(x) = 2x+3$ をテイラー展開したものと考えると $C = f(1) = 5,\ B = f'(1) = 2,\ A = \dfrac{f''(1)}{2} = 0$ となる．いずれの場合にも $\dfrac{2x+3}{(x-1)^3} = \dfrac{2}{(x-1)^2} + \dfrac{5}{(x-1)^3}$ とできる．よって

$$F(x) = 2\int \frac{dx}{(x-1)^2} + 5\int \frac{dx}{(x-1)^3} = \frac{-2}{x-1} - \frac{5}{2}\cdot\frac{1}{(x-1)^2} + C \quad \diamond$$

最後につぎのような例を調べよう．

例題 4.10 $F(x) = \displaystyle\int \frac{x^2+3}{(x+1)(x^2+1)}\,dx$ を求めよ．

【解答】 つぎのような部分分数分解を考える．

$$\frac{x^2+3}{(x+1)(x^2+1)} = \frac{A}{x+1} + \frac{Bx+C}{x^2+1}$$

このとき，右辺の分子は $A(x^2+1) + (Bx+C)(x+1)$ なので

$$x^2 + 3 = (A+B)x^2 + (B+C)x + (A+C)$$

となる．よって，$A+B=1$，$B+C=0$，$A+C=3$ より $A=2$，$B=-1$，$C=1$ を得る．

$$F(x) = 2\int \frac{dx}{x+1} + \int \frac{-x+1}{x^2+1}\,dx$$
$$= 2\log|x+1| - \frac{1}{2}\int \frac{2x}{x^2+1}\,dx + \int \frac{dx}{x^2+1}\,dx$$
$$= 2\log|x+1| - \frac{1}{2}\log(x^2+1) + \tan^{-1}x + C$$

となる． $\diamond$

問　題　4.5

問 1. つぎの不定積分を求めよ．

(1) $\displaystyle\int \frac{1}{x^2-1}\,dx$ 　(2) $\displaystyle\int \frac{x+3}{x^2+3x+2}\,dx$

(3) $\displaystyle\int \frac{2x^2+5x-4}{(x-1)(x+2)(x-3)}\,dx$ 　(4) $\displaystyle\int \frac{x^3+2x}{x^2-3x+2}\,dx$

問 2. つぎの不定積分を求めよ．

(1) $\displaystyle\int \frac{x+1}{(x-2)^2}\,dx$ 　(2) $\displaystyle\int \frac{x^2-3x+1}{(x+1)^3}\,dx$ 　(3) $\displaystyle\int \frac{3x+2}{x(x-1)^2}\,dx$

問 3. つぎの不定積分を求めよ.

(1) $\displaystyle\int \frac{3x+4}{x^2+1}\,dx$ (2) $\displaystyle\int \frac{x^2+5}{(x-1)(x^2+1)}\,dx$

4.6 三角関数の分数式の積分

$f(x) = \dfrac{1}{1+\cos x}$ のような, 三角関数 $\sin x$, $\cos x$ を含む分数式の不定積分 $\int f(x)\,dx$ を求めることにする. そのためにつぎの性質を利用する.

定理 4.9 $t = \tan\theta$ のとき

$$\sin 2\theta = \frac{2t}{1+t^2} \tag{4.22}$$

$$\cos 2\theta = \frac{1-t^2}{1+t^2} \tag{4.23}$$

である.

証明 2倍角公式と公式 $1 + \tan^2\theta = \dfrac{1}{\cos^2\theta}$ より

$$\sin 2\theta = 2\sin\theta\cos\theta = 2\tan\theta(\cos^2\theta) = \frac{2t}{1+t^2}$$

同様にして

$$\cos 2\theta = \cos^2\theta - \sin^2\theta = \cos^2\theta(1-\tan^2\theta) = \frac{1-t^2}{1+t^2} \qquad \square$$

このことを利用すると, $t = \tan\dfrac{x}{2}$ のとき, $\sin x = \dfrac{2t}{1+t^2}$, $\cos x = \dfrac{1-t^2}{1+t^2}$ であり, また $dt = \dfrac{1}{2}\left(\sec^2\dfrac{x}{2}\right)dx$ となるので, $dx = \left(\dfrac{2}{1+t^2}\right)dt$ となることに注意する.

これらをまとめると, つぎの定理を得る.

4.6 三角関数の分数式の積分

定理 4.10 $f(x)$ は $\sin x$, $\cos x$ に関する分数式 $g(\sin x, \cos x)$ であるとする．このとき

$$t = \tan \frac{x}{2}$$

とおくと

$$\sin x = \frac{2t}{1+t^2}, \quad \cos x = \frac{1-t^2}{1+t^2} \tag{4.24}$$

がいえる．また，$dx = \dfrac{2}{1+t^2}\, dt$ となるので

$$\int f(x)\, dx = \int g\left(\frac{2t}{1+t^2}, \frac{1-t^2}{1+t^2}\right) \frac{2}{1+t^2}\, dt \tag{4.25}$$

が成り立つ．

例題 4.11 $\displaystyle\int \frac{dx}{1+\cos x}$ を求めよ．

【解答】 $t = \tan \dfrac{x}{2}$ とおくと $\cos x = \dfrac{1-t^2}{1+t^2}$ で，また $dx = \dfrac{2}{1+t^2}\, dt$ となるので

$$F(x) = \int \frac{dx}{1+\cos x} = \int \frac{1+t^2}{2} \cdot \frac{2}{1+t^2}\, dt$$

$$= \int dt = t + C = \tan \frac{x}{2} + C$$

となる． ◇

問　題　4.6

問 1. つぎの不定積分を求めよ．

(1) $\displaystyle\int \frac{dx}{\sin x}$ (2) $\displaystyle\int \frac{dx}{\cos x}$ (3) $\displaystyle\int \frac{\sin x}{1+\sin x}\, dx$

4.7　逆三角関数の不定積分

ここでは逆三角関数の不定積分

$$\int \sin^{-1} x \, dx, \quad \int \tan^{-1} x \, dx$$

を求めてみることにしよう.

4.4 節で述べたように，関数 $h(x)$ の導関数が知られているとき，不定積分 $\int h(x) \, dx$ を求めるには, $f(x) = h(x), g'(x) = 1$ とおくと $f'(x) = h'(x), g(x) = x$ となるので

$$\int h(x) \, dx = xh(x) - \int xh'(x) \, dx \tag{4.26}$$

が成り立つ．この公式を利用する．

例題 4.12 $\displaystyle\int \sin^{-1} x \, dx$ を求めよ．

【解答】 式 (4.26) で $h(x) = \sin^{-1} x$ とすると

$$\begin{aligned}
\int \sin^{-1} x \, dx &= x \sin^{-1} x - \int \frac{x}{\sqrt{1-x^2}} \, dx \\
&= x \sin^{-1} x + \int \frac{(-2x)}{2\sqrt{1-x^2}} \, dx \\
&= x \sin^{-1} x + \sqrt{1-x^2} + C
\end{aligned}$$

となる．

例題 4.13 $\displaystyle\int \tan^{-1} x \, dx$ を求めよ．

【解答】 式 (4.26) で $h(x) = \tan^{-1} x$ とすると

$$\begin{aligned}
\int \tan^{-1} x \, dx &= x \tan^{-1} x - \int \frac{x}{1+x^2} \, dx \\
&= x \tan^{-1} x - \frac{1}{2} \log(1+x^2) + C
\end{aligned}$$

4.7 逆三角関数の不定積分

となる. ◇

例題 4.14 $\int x \tan^{-1} x \, dx$ を求めよ.

【解答】 $f(x) = \tan^{-1} x$, $g'(x) = x$ として部分積分法の計算を用いると

$$f'(x) = \frac{1}{1+x^2}, \; g(x) = \frac{1}{2}x^2$$

より

$$\begin{aligned}
\int x \tan^{-1} x \, dx &= \frac{1}{2}x^2 \tan^{-1} x - \int \frac{1}{2}x^2 \cdot \frac{dx}{1+x^2} \\
&= \frac{1}{2}x^2 \tan^{-1} x - \int \frac{1}{2} dx + \frac{1}{2}\int \frac{dx}{1+x^2} \\
&= \frac{1}{2}x^2 \tan^{-1} x - \frac{1}{2}x + \frac{1}{2}\tan^{-1} x + C
\end{aligned}$$

がいえる. ◇

問　題　4.7

問 1. つぎの不定積分を求めよ.

(1) $\int \sin^{-1} 2x \, dx$　　(2) $\int \tan^{-1} 3x \, dx$

問 2. $\cos^{-1} x$ の微分公式 $(\cos^{-1} x)' = -\dfrac{1}{\sqrt{1-x^2}}$ を利用して

$$\int \cos^{-1} x \, dx = x \cos^{-1} x - \sqrt{1-x^2} + C$$

であることを示せ.

5 定積分とその応用

5.1 定積分の定義とその基本的性質

定義 5.1 (**定積分**) $f(x)$ は有限閉区間 $[a,b]$ で連続であると仮定し，$F(x)$ を $f(x)$ の原始関数の 1 つとするとき，$f(x)$ の a から b までの**定積分**を

$$F(b) - F(a)$$

で定める．この値を

$$\int_a^b f(x)\,dx$$

で表す．a を定積分の**下端**，b を**上端**，$[a,b]$ を**積分区間**と呼ぶ．また

$$\int_a^b f(x)\,dx = \Big[F(x)\Big]_a^b = F(b) - F(a) \tag{5.1}$$

と表現する．

注意：定積分を定めるとき，図形の面積を基にして，与えられた区間に対して区間の分割による小さな面積の和の極限値として定義する方法もあるが，本書は積分の入門ということを掲げているので，上のような簡単な形で定積分を定める．ただし，この定義でも図形の面積を求める際には同じことになることを最初に注意しておく．

注意：$F(x)$ を $f(x)$ の原始関数とするとき，$f(x)$ の任意の原始関数 $G(x)$ は $F(x)+C$ となるので

5.1 定積分の定義とその基本的性質

$$G(b) - G(a) = (F(b) + C) - (F(a) + C) = F(b) - F(a)$$

となる．よって，定積分の値は原始関数のとり方によらない．

例 5.1

(1) $\displaystyle\int_0^1 2x\,dx = \left[x^2\right]_0^1 = 1$

(2) $\displaystyle\int_1^2 x^2\,dx = \left[\dfrac{1}{3}x^3\right]_1^2 = \dfrac{7}{3}$

定義 5.2 定積分は $a < b$ のときに定められたが

$$\int_b^a f(x)\,dx$$

を形式的に

$$\int_b^a f(x)\,dx = F(a) - F(b) \tag{5.2}$$

と定めておくことにする．また

$$\int_a^a f(x)\,dx = 0 \tag{5.3}$$

と定める．

このとき，定積分に関してつぎの基本的な性質が成り立つ．

定理 5.1

(1) $\displaystyle\int_b^a f(x)\,dx = -\int_a^b f(x)\,dx \tag{5.4}$

(2) $\displaystyle\int_a^b f(x)\,dx = \int_a^c f(x)\,dx + \int_c^b f(x)\,dx. \tag{5.5}$

(3) $\displaystyle\int_a^b \{f(x) + g(x)\}\,dx = \int_a^b f(x)\,dx + \int_a^b g(x)\,dx \tag{5.6}$

(4) $\displaystyle\int_a^b kf(x)\,dx = k\int_a^b f(x)\,dx$ （k は定数） (5.7)

証明 まず関数 $F(x)$, $G(x)$ を
$$F(x) = \int f(x)\,dx, \quad G(x) = \int g(x)\,dx$$
と定める．

(1) $\displaystyle\int_b^a f(x)\,dx = F(a) - F(b)$
$$= -(F(b) - F(a)) = -\int_a^b f(x)\,dx$$

(2) $\displaystyle\int_a^b f(x)\,dx = F(b) - F(a)$
$$= (F(c) - F(a)) + (F(b) - F(c))$$
$$= \int_a^c f(x)\,dx + \int_c^b f(x)\,dx$$

(3) $\displaystyle\int (f(x) + g(x))\,dx = F(x) + G(x)$ となるので
$$\int_a^b (f(x) + g(x))\,dx = F(b) + G(b) - (F(a) + G(a))$$
$$= \int_a^b f(x)\,dx + \int_a^b g(x)\,dx$$

(4) $\displaystyle\int_a^b kf(x)\,dx = \Big[kF(x)\Big]_a^b = kF(b) - kF(a)$
$$= k(F(b) - F(a)) = k\int_a^b f(x)\,dx \qquad \square$$

例題 5.1 つぎの定積分の値を求めよ．

(1) $\displaystyle\int_0^1 (x^4 + 4x^3 + 3x^2 + 2)\,dx$ 　(2) $\displaystyle\int_0^{\frac{\pi}{2}} \sin^2 x\,dx$

(3) $\displaystyle\int_1^2 \left(t + \frac{1}{t}\right)^2 dt$

【解答】

(1) $\displaystyle\int_0^1 (x^4 + 4x^3 + 3x^2 + 2)\,dx = \left[\frac{1}{5}x^5 + x^4 + x^3 + 2x\right]_0^1 = \frac{21}{5}$

(2) $\displaystyle\int_0^{\frac{\pi}{2}} \sin^2 x\, dx = \int_0^{\frac{\pi}{2}} \left(\frac{1-\cos 2x}{2}\right) dx = \left[\frac{1}{2}x - \frac{1}{4}\sin 2x\right]_0^{\frac{\pi}{2}} = \frac{\pi}{4}$

(3) $\displaystyle\int_1^2 \left(t + \frac{1}{t}\right)^2 dt = \int_1^2 \left(t^2 + 2 + \frac{1}{t^2}\right) dt = \left[\frac{1}{3}t^3 + 2t - \frac{1}{t}\right]_1^2$

$\displaystyle\qquad = \left(\frac{8}{3} + 4 - \frac{1}{2}\right) - \left(\frac{1}{3} + 2 - 1\right) = \frac{29}{6}$ ◇

注意：定積分の値は変数を他の文字に置き換えても変わらない．すなわち

$$\int_a^b f(x)dx = \int_a^b f(t)dt$$

が成り立つ．さて，いま定積分で上端を変数 x とすると，つぎの定積分は

$$\int_a^x f(t)\, dt = F(x) - F(a)$$

と x の関数になる．そこで x で微分すると

$$\frac{d}{dx}\int_a^x f(t)\, dt = F'(x) = f(x)$$

となる．よってつぎのことがいえる．

定理 5.2 $\displaystyle\int_a^x f(t)\, dt$ は関数 $f(x)$ の原始関数の 1 つである．すなわち

$$\frac{d}{dx}\int_a^x f(t)\, dt = f(x) \tag{5.8}$$

が成り立つ．

この定理と合成関数の微分の公式を用いると，つぎの結果が得られる．

定理 5.3 $\displaystyle\int_a^{g(x)} f(t)\, dt$ は $f(g(x))g'(x)$ の原始関数となる．すなわち

$$\frac{d}{dx}\int_a^{g(x)} f(t)\, dt = f(g(x))g'(x) \tag{5.9}$$

である．

例題 5.2 等式 $\int_0^{3x} f(t)\,dt = x^3$ を満たす関数 $f(x)$ を求めよ.

【解答】 左辺を定理 5.3 を用いて微分すると $3f(3x)$ となり，右辺を微分すると $3x^2$ となるので，$f(3x) = x^2$. よって $f(x) = \dfrac{1}{9}x^2$ となる. ◇

問　題　5.1

問 1. つぎの定積分の値を求めよ.

(1) $\displaystyle\int_1^2 (x^3 - 2x^2 - x)\,dx$　　(2) $\displaystyle\int_0^1 (x^5 - 2x^3)\,dx$　　(3) $\displaystyle\int_1^2 e^x\,dx$

(4) $\displaystyle\int_1^2 \sqrt{x}\,dx$　　(5) $\displaystyle\int_1^e \dfrac{dx}{x}$　　(6) $\displaystyle\int_1^2 \left(\dfrac{1}{x^3} - \dfrac{1}{x^5}\right)dx$

(7) $\displaystyle\int_0^{\frac{\pi}{2}} \sin x\,dx$　　(8) $\displaystyle\int_0^2 \dfrac{2x}{x^2+1}\,dx$　　(9) $\displaystyle\int_{\frac{\pi}{6}}^{\frac{\pi}{3}} \cos 2x\,dx$

問 2. (1) 関数 $f(x) = \displaystyle\int_0^x \sin 2t\,dt$ を微分せよ.

(2) 関数 $g(x) = \displaystyle\int_0^{2x} \sin t\,dt$ を微分せよ.

(3) 等式 $\displaystyle\int_0^{2x} h(t)\,dt = x^2$ を満たす関数 $h(x)$ を求めよ.

5.2　定積分における置換積分

定理 5.4 (定積分における置換積分)　$f(x)$ は $[a, b]$ で連続とする. $t = g(x)$ とおき, $g(x)$ は微分可能であるとする. $\alpha = g(a)$, $\beta = g(b)$ とおくと

$$\int_a^b f(g(x))g'(x)\,dx = \int_\alpha^\beta f(t)\,dt \tag{5.10}$$

が成り立つ.

5.2 定積分における置換積分

証明 $F(x) = \int f(x)dx$ とおく．不定積分における置換積分の公式より $t = g(x)$ とおくと

$$\int f(g(x))g'(x)\,dx = \int f(t)\,dt$$

が成り立つ．よって

$$\int_a^b f(g(x))g'(x)\,dx = \Big[F(t)\Big]_{g(a)}^{g(b)} = F(g(b)) - F(g(a))$$

となる．そのとき，$g(b) = \beta$, $g(a) = \alpha$ なので

$$\int_a^b f(g(x))g'(x)\,dx = F(\beta) - F(\alpha) = \int_\alpha^\beta f(t)\,dt$$

が得られる． □

注意：定積分における置換積分で注意すべきことは，上端，下端の値が変数 x と変数 t では変化することである．それを忘れて変数 x に関する上端，下端のままで計算してしまう間違いが多い．そこで定積分における置換積分では不定積分の置換積分により $F(x) = \int f(g(x))g'(x)\,dx$ を求め，そこに a, b を代入した値 $F(b) - F(a)$ を求めたほうが安全である．定積分における置換積分の計算法になれない間は，この方法をすすめたい．

例題 5.3 $\int_1^2 (2x-1)^3\,dx$ を求めよ．

【解答】 解法 1. 不定積分 $F(x) = \int (2x-1)^3\,dx$ を求める．$t = 2x - 1$ とおくと，$dt = 2\,dx$ より $dx = \dfrac{dt}{2}$ となるから

$$F(x) = \frac{1}{2}\int t^3\,dt = \frac{1}{8}t^4 + C$$
$$= \frac{1}{8}(2x-1)^4 + C$$

したがって

$$\int_1^2 (2x-1)^3\,dx = F(2) - F(1) = \frac{1}{8}(3^4 - 1) = 10$$

解法 2. 定積分における置換積分の方法．$t = 2x - 1$ とおくと $dx = \dfrac{dt}{2}$. また $x = 1$ のとき $t = 1$, $x = 2$ のとき $t = 3$ となるので

$$\int_1^2 (2x-1)^3\,dx = \int_1^3 t^3\left(\frac{dt}{2}\right) = \frac{1}{8}\left[t^4\right]_1^3$$
$$= \frac{1}{8}(3^4 - 1) = 10 \qquad \diamond$$

置換積分を利用すると奇関数,偶関数に関するつぎの定理が得られる.

定理 5.5 任意の正数 a に対して

(1)　$f(x)$ が奇関数ならば
$$\int_{-a}^{a} f(x)\,dx = 0 \tag{5.11}$$

(2)　$f(x)$ が偶関数ならば
$$\int_{-a}^{a} f(x)\,dx = 2\int_0^a f(x)\,dx \tag{5.12}$$

証明　$I = \int_{-a}^{0} f(x)\,dx$ とおく. $t = -x$ とすると $dt = -dx$ だから

$I = -\int_a^0 f(-t)\,dt = \int_0^a f(-t)\,dt$ となる. もし $f(-t) = -f(t)$ ならば

$$\int_{-a}^{a} f(x)\,dx = \int_{-a}^{0} f(x)\,dx + \int_0^a f(x)\,dx$$
$$= I + \int_0^a f(x)\,dx = -\int_0^a f(t)\,dt + \int_0^a f(x)\,dx = 0$$

がいえる. また, $f(-x) = f(x)$ ならば $I = \int_0^a f(x)\,dx$ より

$$\int_{-a}^{a} f(x)\,dx = 2\int_0^a f(x)\,dx$$

が成り立つ.　　　　　　　　　　　　　　　　　　　　　　　　□

最後に,三角関数を用いた置換積分を考えよう.

例題 5.4　$\displaystyle\int_0^1 \frac{dx}{\sqrt{1-x^2}}$ の値を求めよ.

【解答】 解法 1. $x = \sin\theta$ とおく．$x=0$ のとき $\theta = 0$, $x=1$ のとき $\theta = \dfrac{\pi}{2}$ であり，$\sqrt{1-x^2} = \cos\theta$, $dx = (\cos\theta)\,d\theta$ となるので

$$\int_0^1 \frac{dx}{\sqrt{1-x^2}} = \int_0^{\frac{\pi}{2}} d\theta = \frac{\pi}{2}$$

が得られる．
解法 2. 定理 4.3 より

$$\int \frac{dx}{\sqrt{1-x^2}} = \sin^{-1} x$$

がいえた．よって $\sin^{-1} 0 = 0$, $\sin^{-1} 1 = \dfrac{\pi}{2}$ より $\displaystyle\int_0^1 \frac{dx}{\sqrt{1-x^2}} = \frac{\pi}{2}$ となる． ◇

問　題　5.2

問 1. つぎの定積分の値を置換積分の解法のどちらかを用いて求めよ．

(1) $\displaystyle\int_0^1 (3x+1)^3\,dx$　　(2) $\displaystyle\int_0^1 \frac{dx}{(x+1)^2}$　　(3) $\displaystyle\int_0^1 xe^{x^2}\,dx$

(4) $\displaystyle\int_1^e \frac{\log x}{x}\,dx$

問 2. つぎの定積分の値を求めよ．

(1) $\displaystyle\int_0^1 \frac{dx}{1+x^2}$　　(2) $\displaystyle\int_0^2 \frac{dx}{\sqrt{4-x^2}}$　　(3) $\displaystyle\int_0^1 \sqrt{1-x^2}\,dx$

5.3　定積分における部分積分

2 つの関数 $f(x)$, $g(x)$ について，不定積分での部分積分の定理は

$$\int f(x)g'(x)\,dx = f(x)g(x) - \int f'(x)g(x)\,dx$$

であった．よって，その定積分は

$$\int_a^b f(x)g'(x)\,dx = \left[f(x)g(x) - \int f'(x)g(x)\,dx \right]_a^b$$

$$= \Big[f(x)g(x) \Big]_a^b - \left[\int f'(x)g(x)\,dx \right]_a^b$$

$$= \Big[f(x)g(x)\Big]_a^b - \int_a^b f'(x)g(x)\,dx$$

がいえる．よって，つぎの定理が成り立つ．

定理 5.6

$$\int_a^b f(x)g'(x)\,dx = \Big[f(x)g(x)\Big]_a^b - \int_a^b f'(x)g(x)\,dx \qquad (5.13)$$

例題 5.5 つぎの定積分の値を求めよ．

(1) $\displaystyle\int_0^1 xe^x\,dx$ (2) $\displaystyle\int_0^{\frac{\pi}{2}} e^x \sin x\,dx$

【解答】

(1) $\displaystyle\int_0^1 xe^x\,dx = \Big[xe^x\Big]_0^1 - \int_0^1 e^x\,dx$
$$= e - \Big[e^x\Big]_0^1 = e - (e-1) = 1$$

(2) $I = \displaystyle\int_0^{\frac{\pi}{2}} e^x \sin x\,dx$ とおくと

$$I = \Big[-e^x \cos x\Big]_0^{\frac{\pi}{2}} + \int_0^{\frac{\pi}{2}} e^x \cos x\,dx$$

$J = \displaystyle\int_0^{\frac{\pi}{2}} e^x \cos x\,dx$ とすると，$I = 1 + J$ となる．そこで J を求める．

$$J = \Big[e^x \sin x\Big]_0^{\frac{\pi}{2}} - \int_0^{\frac{\pi}{2}} e^x \sin x\,dx = e^{\frac{\pi}{2}} - I$$

よって，$I = \dfrac{1}{2}\left(1 + e^{\frac{\pi}{2}}\right)$ となる． $\diamond$

対数関数を含んだ定積分の値を求めてみよう．

例題 5.6 $\displaystyle\int_1^2 x^2 \log x\,dx$ を求めよ．

【解答】 $f(x) = \log x$, $g'(x) = x^2$ とおくと，$f'(x) = \dfrac{1}{x}$, $g(x) = \dfrac{1}{3}x^3$ より

$$\int_1^2 x^2 \log x \, dx = \left[\frac{1}{3}x^3 \log x\right]_1^2 - \frac{1}{3}\int_1^2 x^3 \left(\frac{1}{x}\right) dx$$
$$= \frac{8}{3}\log 2 - \frac{1}{3}\int_1^2 x^2 \, dx = \frac{8}{3}\log 2 - \frac{1}{9}\left[x^3\right]_1^2$$
$$= \frac{8}{3}\log 2 - \frac{7}{9} \qquad \diamond$$

注意：定理 5.5 を用いると，例えば $x\cos x$ は奇関数より $\int_{-\pi}^{\pi} x\cos x \, dx = 0$, $x\sin x$ は偶関数より $\int_{-\pi}^{\pi} x\sin x \, dx = 2\int_0^{\pi} x\sin x \, dx = 2\pi$ などとできる．

問　題　5.3

問 1. つぎの定積分の値を求めよ．

(1) $\int_0^1 xe^{2x} dx$ 　(2) $\int_0^{\frac{\pi}{2}} x\sin x \, dx$ 　(3) $\int_0^1 x^2 e^x \, dx$

(4) $\int_1^e x\log x \, dx$ 　(5) $\int_1^e \log x \, dx$ 　(6) $\int_0^{\frac{\pi}{2}} e^{-x}\sin x \, dx$

問 2. つぎの定積分の値を求めよ．

(1) $\int_{-\frac{\pi}{2}}^{\frac{\pi}{2}} x\sin x \, dx$ 　(2) $\int_{-\pi}^{\pi} x^2 \sin x \, dx$

5.4　漸化式による定積分

漸化式を用いて定積分

$$S_n = \int_0^{\frac{\pi}{2}} \sin^n x \, dx \quad \text{および} \quad C_n = \int_0^{\frac{\pi}{2}} \cos^n x \, dx$$

を求めてみよう．

定理 5.7　すべての自然数 n に対して

$$S_n = C_n \tag{5.14}$$

が成り立つ．

証明 $C_n = \int_0^{\frac{\pi}{2}} \cos^n x \, dx = \int_0^{\frac{\pi}{2}} \sin^n \left(\frac{\pi}{2} - x\right) dx$
である．そこで，$t = \frac{\pi}{2} - x$ とおくと $dt = -dx$ で，$x = \frac{\pi}{2}$ のとき $t = 0$，$x = 0$ のとき $t = \frac{\pi}{2}$ より

$$C_n = -\int_{\frac{\pi}{2}}^0 \sin^n t \, dt = S_n$$

となる． □

定理 5.8 0 以上の整数 n に対して

$$S_n = \int_0^{\frac{\pi}{2}} \sin^n x \, dx \tag{5.15}$$

とおく．$n \geqq 2$ ならば

$$nS_n = (n-1)S_{n-2} \tag{5.16}$$

が成り立つ．

証明 $\sin^n x = \sin^{n-1} x \sin x$ とし，$f(x) = \sin^{n-1} x$，$g'(x) = \sin x$ とおくと部分積分の公式より

$$S_n = -\left[\sin^{n-1} x \cos x\right]_0^{\frac{\pi}{2}} + (n-1)\int_0^{\frac{\pi}{2}} \sin^{n-2} x \cos^2 x \, dx$$

$$= (n-1)\int_0^{\frac{\pi}{2}} \sin^{n-2} x (1 - \sin^2 x) \, dx$$

$$= (n-1)\left(\int_0^{\frac{\pi}{2}} \sin^{n-2} x \, dx - \int_0^{\frac{\pi}{2}} \sin^n x \, dx\right)$$

$$= (n-1)(S_{n-2} - S_n)$$

よって，$nS_n = (n-1)S_{n-2}$ がいえた． □

この定理の漸化式を繰返し用いることで，つぎの結果が成り立つ．

定理 5.9 $n \geqq 2$ について

$$\int_0^{\frac{\pi}{2}} \sin^n x\, dx = \int_0^{\frac{\pi}{2}} \cos^n x\, dx$$

$$= \begin{cases} \dfrac{n-1}{n} \cdot \dfrac{n-3}{n-2} \cdots \dfrac{3}{4} \cdot \dfrac{1}{2} \cdot \dfrac{\pi}{2} & (n \text{ は偶数}) \\ \dfrac{n-1}{n} \cdot \dfrac{n-3}{n-2} \cdots \dfrac{4}{5} \cdot \dfrac{2}{3} \cdot 1 & (n \text{ は奇数}) \end{cases} \quad (5.17)$$

証明 $S_n = \dfrac{n-1}{n} S_{n-2} = \dfrac{n-1}{n} \cdot \dfrac{n-3}{n-2} S_{n-4} = \cdots$ より，$n = 2m$ のとき $S_n = \dfrac{2m-1}{2m} \cdots \dfrac{1}{2} S_0$ となるので，$S_0 = \displaystyle\int_0^{\frac{\pi}{2}} dx = \dfrac{\pi}{2}$ から

$$S_n = \dfrac{2m-1}{2m} \cdot \dfrac{2m-3}{2m-2} \cdots \dfrac{1}{2} \cdot \dfrac{\pi}{2}$$

となる．

一方，$n = 2m+1$ のときには $S_1 = \displaystyle\int_0^{\frac{\pi}{2}} \sin x\, dx = 1$ となるので

$$S_n = \dfrac{2m}{2m+1} \cdot \dfrac{2m-2}{2m-1} \cdots \dfrac{2}{3}$$

がいえる． □

例題 5.7 つぎの定積分の値を求めよ．

(1) $\displaystyle\int_0^{\frac{\pi}{2}} \sin^3 x\, dx$ (2) $\displaystyle\int_0^{\frac{\pi}{4}} \cos^4 2x\, dx$

【解答】

(1) $S_3 = \dfrac{2}{3} S_1 = \dfrac{2}{3}$

(2) $t = 2x$ とおくと $dt = 2\, dx$ で $x = 0$ のとき $t = 0$，$x = \dfrac{\pi}{4}$ のとき $t = \dfrac{\pi}{2}$ より，$\displaystyle\int_0^{\frac{\pi}{4}} \cos^4 2x\, dx = \dfrac{1}{2} \int_0^{\frac{\pi}{2}} \cos^4 t\, dt = \dfrac{1}{2} \cdot \dfrac{3}{4} \cdot \dfrac{1}{2} \cdot \dfrac{\pi}{2} = \dfrac{3}{32}\pi$ となる． ◇

問題 5.4

問 1. つぎの定積分の値を求めよ．

(1) $\displaystyle\int_0^{\frac{\pi}{2}} \sin^6 x\,dx$ (2) $\displaystyle\int_0^{\frac{\pi}{4}} \sin^3 2x\,dx$

問 2. 定積分 $I_n = \displaystyle\int_{-1}^1 (x-1)^2 (x+1)^n\,dx$ (n は自然数) について

(1) $I_n - 2I_{n-1} = \displaystyle\int_{-1}^1 (x-1)^3 (x+1)^{n-1}\,dx$ が成り立つことを示せ．

(2) $(n+3)I_n = 2nI_{n-1}$ が成り立つことを示せ．

5.5 図形の面積

いま，a, b ($a < b$) を 2 つの定数とし，区間 $[a,b]$ で連続な関数 $f(x)$ を考える．さらに $[a,b]$ で $f(x) \geqq 0$ と仮定する．このとき，x 軸と曲線 $y = f(x)$ および 2 直線 $x = a$, $x = b$ で囲まれた部分の面積 S を求めたい．

そこで図 **5.1** に示すように，関数 $S(x)$ を x 軸と $y = f(x)$ の間にある図形の x 座標が a から x までの部分の面積とする．このとき，$S(a) = 0$, $S = S(b) = S(b) - S(a)$ となることに注意する．

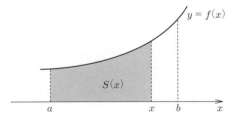

図 **5.1** 定積分と面積

つぎの定理が成り立つ．

定理 5.10 $S(x)$ は $f(x)$ の原始関数の 1 つである．すなわち

$$S'(x) = f(x) \tag{5.18}$$

証明 $S'(x) = \lim_{h \to 0} \dfrac{S(x+h) - S(x)}{h}$ である．簡単のため $h > 0$ としておく．$f(x)$ は連続だから，区間 $[x, x+h]$ で最大値，最小値の定理（定理 2.4）が成り立つので $f(x)$ の最大値を M，最小値を m とすると

$$mh \leqq S(x+h) - S(x) \leqq Mh$$

であるから

$$m \leqq \dfrac{S(x+h) - S(x)}{h} \leqq M$$

となる．h が 0 に近づくと，区間 $[x, x+h]$ の最大値，最小値は共に $f(x)$ に近づくので

$$S'(x) = \lim_{h \to 0} \dfrac{S(x+h) - S(x)}{h} = f(x)$$

となる．$h < 0$ のときも同様である． □

定理 5.10 より $S(x)$ は $f(x)$ の原始関数なので，定積分の定義より

$$S = S(b) - S(a) = \int_a^b f(x)\,dx$$

となり，つぎのようにまとめることができる．

定理 5.11 （**面積と定積分**） 有限閉区間 $[a, b]$ で $f(x)$ は連続で，$f(x) \geqq 0$ のとき，x 軸と曲線 $y = f(x)$，および 2 直線 $x = a$，$x = b$ で囲まれた部分の面積 S は

$$S = \int_a^b f(x)\,dx \tag{5.19}$$

で与えられる．

注意：区間 $[a, b]$ で $f(x) \leqq 0$ であるとき，x 軸と関数 $f(x)$ および 2 直線 $x = a$，$x = b$ で囲まれた部分の面積 S は，x 軸と関数 $-f(x)$ および 2 直線 $x = a$，$x = b$ で囲まれた部分の面積 S_1 に等しいので

$$S = S_1 = \int_a^b (-f(x))\,dx = -\int_a^b f(x)\,dx$$

となる．

例題 5.8

(1) 曲線 $y = -x^3 + 3x^2$ と x 軸，および 2 直線 $x = 0$, $x = 3$ で囲まれた部分の面積を求めよ．

(2) 曲線 $y = (x-1)(x-2)(x-3)$ と x 軸とで囲まれた部分の面積を求めよ．

【解答】 (1) $-x^3 + 3x^2 = x^2(3-x)$ より，$0 \leqq x \leqq 3$ ではこの関数は正なので，求める面積 S は $S = \int_0^3 (-x^3 + 3x^2)\,dx = \left[-\dfrac{1}{4}x^4 + x^3\right]_0^3 = \dfrac{27}{4}$．

(2) 求める曲線と x 軸との交点は $x = 1, 2, 3$ である．$1 \leqq x \leqq 2$ で $y \geqq 0$ であり，$2 \leqq x \leqq 3$ では $y \leqq 0$ である．よって求める面積 S は 2 つの囲まれた部分の面積の和となる．

$$S = \int_1^2 (x-1)(x-2)(x-3)\,dx - \int_2^3 (x-1)(x-2)(x-3)\,dx$$

であるので，この定積分を計算すると $S = \dfrac{1}{2}$ が得られる． ◇

つぎに，2 つの曲線 $y = f(x)$, $y = g(x)$ において，区間 $[a,b]$ ではつねに $f(x) \geqq g(x)$ であるとき，この 2 曲線と 2 直線 $x = a$, $x = b$ とで囲まれた部分の面積を求めてみよう．$h(x) = f(x) - g(x)$ とすると $[a,b]$ で $h(x) \geqq 0$ となるので，面積と定積分の関係から

$$S = \int_a^b h(x)\,dx = \int_a^b (f(x) - g(x))\,dx$$

がわかる．よって，つぎの定理が成り立つ．

定理 5.12 $[a,b]$ で $f(x) \geqq g(x)$ ならば，2 つの曲線 $y = f(x)$, $y = g(x)$ と 2 直線 $x = a$, $x = b$ とで囲まれた部分の面積 S は

$$S = \int_a^b (f(x) - g(x))\,dx \tag{5.20}$$

で与えられる．

例題 5.9 曲線 $y = x^3 - x$ と直線 $y = 3x$ とで囲まれた部分の面積を求めよ．

【解答】 $y = x^3 - x$ と $y = 3x$ との交点の x 座標は，$x^3 - 4x = 0$ より $x = 0$, -2, 2 である．区間 $[-2, 0]$ では $(x^3 - x) \geqq 3x$ で，$[0, 2]$ では $(x^3 - x) \leqq 3x$ となるので，求める面積 S は

$$S = \int_{-2}^{0} (x^3 - 4x) \, dx - \int_{0}^{2} (x^3 - 4x) \, dx$$
$$= \left[\frac{1}{4} x^4 - 2x^2 \right]_{-2}^{0} - \left[\frac{1}{4} x^4 - 2x^2 \right]_{0}^{2} = 8$$

となる． ◇

さて，2 つの関数 $f(x)$, $g(x)$ が区間 $[a, b]$ でつねに $f(x) \geqq g(x)$ ならば，定理 5.12 よりつぎのことがわかる．

定理 5.13 2 つの関数 $f(x)$, $g(x)$ が区間 $[a, b]$ でつねに $f(x) \geqq g(x)$ ならば

$$\int_{a}^{b} f(x) \, dx \geqq \int_{a}^{b} g(x) \, dx \tag{5.21}$$

が成り立つ．

この定理を用いることで，定積分の評価および積分の平均値の定理を示すことができる．

定理 5.14 区間 $[a, b]$ で連続な関数 $f(x)$ が $m \leqq f(x) \leqq M$ を満たすならば

$$m(b - a) \leqq \int_{a}^{b} f(x) \, dx \leqq M(b - a) \tag{5.22}$$

が成り立つ．

証明 まず $g(x) = m$ とおくと, $[a, b]$ で $g(x) \leq f(x)$ より, 定理 5.13 から

$$\int_a^b m \, dx \leq \int_a^b f(x) \, dx$$

よって

$$m(b-a) \leq \int_a^b f(x) \, dx$$

がいえる. 同様にして, $\int_a^b f(x) \, dx \leq M(b-a)$ が成り立つ. □

定理 5.15 (**積分の平均値の定理**) 関数 $f(x)$ が有限閉区間 $[a, b]$ で連続ならば

$$\int_a^b f(x) \, dx = f(c)(b-a) \tag{5.23}$$

となる c が区間 (a, b) に存在する.

証明 $f(x)$ は $[a, b]$ で連続であるから, この区間内で最大値 M, 最小値 m をとる. 定理 5.14 より

$$m \leq A = \frac{\int_a^b f(x) \, dx}{b-a} \leq M$$

がいえる. よって, $f(x)$ は $[a, b]$ で連続より, 中間値の定理から $f(c) = A$ となる c がある. □

さて, パラメーター表示の関数 $x = f(t), y = g(t)$ で表された領域の面積を求めよう.

例題 5.10 曲線 $x = \cos t, y = \sin t$ $(0 \leq t \leq \pi)$ と x 軸とで囲まれた部分の面積を求めよ.

【解答】 この図形は半径 1 の半円であり, $t = 0$ のとき $x = 1$, $t = \pi$ のとき $x = -1$ より, $S = \int_{-1}^1 y \, dx$ とおくとき, $x = \cos t$ から $dx = -\sin t \, dt$ となる. よって

$$S = \int_\pi^0 \sin t\,(-\sin t)\,dt = \int_0^\pi \sin^2 t\,dt = \left[\frac{1}{2}\left(t - \frac{\sin 2t}{2}\right)\right]_0^\pi = \frac{\pi}{2} \qquad \diamondsuit$$

問題 5.5

問 1. (1) 曲線 $y = e^x$ と x 軸および 2 直線 $x = 0$, $x = 2$ で囲まれた部分の面積を求めよ．

(2) $y = (x+1)(x-1)(x-3)$ と x 軸で囲まれた部分の面積を求めよ．

問 2. つぎの曲線で囲まれた部分の面積を求めよ．

(1) $y = x^2 - 4x + 2$, $y = -x^2 + 2x - 2$

(2) $y = x^3 - 2x^2$, $y = x^2$ (3) $y = \sqrt{x}$, $y = x$

問 3. つぎのパラメーター表示が表す曲線と x 軸とで囲まれた部分の面積を求めよ．

(1) $x = t$, $y = -t^2 + 2t$ $(0 \leqq t \leqq 2)$

(2) $x = 2\cos t$, $y = 3\sin t$ $(0 \leqq t \leqq \pi)$

5.6 回転体の体積

1 つの立体に対して，x 軸上の区間 $[a, b]$ について x 軸に垂直な平面によるこの立体の断面積を $S(x)$ とし，$S(x)$ はこの区間内で連続であるとする．このとき，立体の体積 V はつぎのように与えられる．

定理 5.16 x 軸上の 2 点 $x = a$, $x = b$ $(a < b)$ において x 軸に垂直な 2

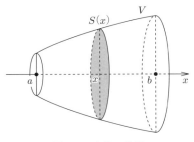

図 **5.2** 立体の体積

平面ではさまれた立体の部分の体積 V は

$$V = \int_a^b S(x)\,dx \tag{5.24}$$

となる（図 **5.2**）．

証明　関数 $V(x)$ を与えられた立体の区間 $[a,x]$ における体積とすると $V(a)=0$, $V(b)=V$ となる．面積のときと同様の証明から $V'(x)=S(x)$ が得られる．よって $V = \int_a^b S(x)\,dx$ となる．　□

この定理を回転体の体積に応用してみよう．いま，関数 $y=f(x)$ と x 軸および 2 直線 $x=a$, $x=b$ とで囲まれた部分を x 軸のまわりに回転してできる回転体の体積 V を求める．それは，このときの断面積 $S(x)$ がわかればよい．しかしながら，この値は半径が $f(x)$ の円の面積に等しいので $S(x)=\pi f(x)^2$ となる．よって，つぎの定理を得る．

定理 5.17　（回転体の体積）　曲線 $y=f(x)$ と x 軸および 2 直線 $x=a$, $x=b$ とで囲まれた部分を x 軸のまわりに回転してできる回転体の体積 V は

$$V = \pi \int_a^b \{f(x)\}^2\,dx \tag{5.25}$$

で与えられる．

例題 5.11　曲線 $y=-x^2+1$ と x 軸とで囲まれた部分の図形を x 軸のまわりに回転してできる回転体の体積を求めよ．

【解答】　$x^2-1=0$ から $x=-1,\,1$ となる．よって

$$V = \pi \int_{-1}^{1} (-x^2+1)^2\,dx = \pi \int_{-1}^{1} (x^4 - 2x^2 + 1)\,dx$$

x^4-2x^2+1 は偶関数より

$$V = 2\pi \int_0^1 (x^4 - 2x^2 + 1)\,dx = 2\pi \left[\frac{1}{5}x^5 - \frac{2}{3}x^3 + x\right]_0^1 = \frac{16}{15}\pi$$

となる.   ◇

問題 5.6

問 1. つぎの曲線で囲まれた部分を x 軸のまわりに回転してできる回転体の体積を求めよ.
(1) $y = -x^2 + 4$, x 軸 (2) $y = x^2$, $y = 2x$
(3) $y = e^x$, $x = 0$, $x = 1$ (4) $y = \sqrt{1-x^2}$, x 軸

5.7 広義の積分

関数 $f(x)$ が区間 $[a,b]$ で連続で $f(x) \geqq 0$ ならば, 曲線 $y = f(x)$ と x 軸および 2 直線 $x = a$, $x = b$ とで囲まれた部分の面積 S は, 定積分 $\displaystyle\int_a^b f(x)\,dx$ で求められた. しかし, 例えば $f(x) = \dfrac{1}{x}$ のとき, $x > 0$ では $f(x) > 0$ であるので任意の正数 $a < b$ について $\displaystyle\int_a^b \dfrac{dx}{x}$ の値は定まるが, もし $a = 0$ ならば区間 $[0,b]$ では $y = \dfrac{1}{x}$ は連続とはならないので

$$\int_0^b \frac{dx}{x}$$

は定まらない (図 **5.3**).

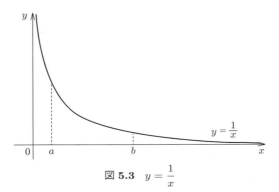

図 **5.3** $y = \dfrac{1}{x}$

そこで, $\int_a^b \dfrac{dx}{x}$ を利用して $\int_0^b \dfrac{dx}{x}$ を求める方法を考えることにしたい.

定義 5.3 (広義の積分) 区間 $(a, b]$ で定義された連続関数 $f(x)$ に対して, 極限値

$$\lim_{h \to +0} \int_{a+h}^b f(x)\,dx$$

が存在するとき, この値を定積分

$$\int_a^b f(x)\,dx$$

の値として定める. すなわち

$$\int_a^b f(x)\,dx = \lim_{h \to +0} \int_{a+h}^b f(x)\,dx \tag{5.26}$$

と定義する. この定積分を**広義の積分**と呼ぶ. 同様に, 関数 $f(x)$ が $[a, b)$ で定義された連続関数のときは

$$\int_a^b f(x)\,dx = \lim_{h \to +0} \int_a^{b-h} f(x)\,dx \tag{5.27}$$

と定義する.

つぎに, 有限閉区間での定積分を実数全体で定義される定積分に拡張しよう.

定義 5.4 区間 $[a, \infty)$ で定義された連続関数 $f(x)$ に対して, 極限値

$$\lim_{N \to \infty} \int_a^N f(x)\,dx$$

の値が存在するとき, この値を

$$\int_a^\infty f(x)\,dx = \lim_{N \to \infty} \int_a^N f(x)\,dx \tag{5.28}$$

と定義する. 同様に区間 $(-\infty, b]$ で定義された連続関数 $f(x)$ に対しては

$$\int_{-\infty}^{b} f(x)\,dx = \lim_{L \to \infty} \int_{-L}^{b} f(x)\,dx \tag{5.29}$$

と定義し，実数全体 $(-\infty, \infty)$ で定義された連続関数 $f(x)$ に対しては

$$\int_{-\infty}^{\infty} f(x)\,dx = \lim_{N \to \infty} \lim_{L \to \infty} \int_{-L}^{N} f(x)\,dx \tag{5.30}$$

と定義する．これらの定積分も広義の積分と呼ぶ．

注意：関数 $f(x)$ が $x \geqq a$ でつねに $f(x) \geqq 0$ であるならば，曲線 $y = f(x)$ と x 軸との間の部分のうち直線 $x = a$ の右側にあたる部分の面積 S が

$$S = \int_{a}^{\infty} f(x)\,dx$$

となる．また，すべての実数で関数 $f(x)$ が連続で $f(x) \geqq 0$ を満たすとき，曲線 $y = f(x)$ と x 軸の間の面積 S は

$$S = \int_{-\infty}^{\infty} f(x)\,dx$$

で求められる（例えば，統計学の正規分布に現れる確率密度関数の曲線）．

例題 5.12 つぎの広義の積分の値を求めよ．

(1) $\displaystyle\int_{0}^{1} \frac{dx}{x}$ (2) $\displaystyle\int_{0}^{1} \log x\,dx$

【解答】 (1) $x = 0$ では $f(x) = \dfrac{1}{x}$ は定義されない．

$$\lim_{h \to 0} \int_{h}^{1} \frac{dx}{x} = \lim_{h \to 0} \Big[\log x\Big]_{h}^{1} = \lim_{h \to 0} (-\log h) = \infty$$

となるので，$\displaystyle\int_{0}^{1} \frac{dx}{x}$ は存在しない．

(2) $x = 0$ では $f(x) = \log x$ は定義されない．

$$\int_{0}^{1} \log x\,dx = \lim_{h \to 0} \int_{h}^{1} \log x\,dx$$
$$= \lim_{h \to 0} \Big[x(\log x - 1)\Big]_{h}^{1} = -1 - \lim_{h \to 0} h(\log h - 1)$$

ここでロピタルの定理を用いることで

$$\int_0^1 \log x \, dx = -1 - \lim_{h \to 0}\left(\frac{\log h}{1/h} - h\right) = -1 - \lim_{h \to 0}(-h) = -1$$

が得られる. ◇

注意：極限値を求めるのに，上の例のようにロピタルの定理を用いることがしばしば起こる．

つぎに $\int_a^\infty f(x)\,dx$ や $\int_{-\infty}^b f(x)\,dx$ の値を求めよう．

例題 5.13 つぎの広義の積分の値を求めよ．

(1) $\displaystyle\int_1^\infty \frac{dx}{x^2}$ (2) $\displaystyle\int_1^\infty xe^{-x}\,dx$

【解答】
(1) $\displaystyle\int_1^\infty \frac{dx}{x^2} = \lim_{N\to\infty}\int_1^N \frac{dx}{x^2} = \lim_{N\to\infty}\left[-\frac{1}{x}\right]_1^N = \lim_{N\to\infty}\left(1 - \frac{1}{N}\right) = 1$
となる．

(2) $\displaystyle\int_1^\infty xe^{-x}\,dx = \lim_{N\to\infty}\int_1^N xe^{-x}\,dx$
$\displaystyle\qquad = \lim_{N\to\infty}\left[-(x+1)e^{-x}\right]_1^N = \frac{2}{e} - \lim_{N\to\infty}(N+1)e^{-N}$
$\displaystyle\qquad = \frac{2}{e} - \lim_{N\to\infty}\left(\frac{N+1}{e^N}\right) = \frac{2}{e} - \lim_{N\to\infty}\frac{1}{e^N} = \frac{2}{e}$

となる． ◇

問題 5.7

問 1. つぎの広義の積分の値を求めよ．

(1) $\displaystyle\int_0^1 \frac{dx}{\sqrt[3]{x}}$ (2) $\displaystyle\int_1^2 \frac{dx}{\sqrt{x-1}}$ (3) $\displaystyle\int_0^1 \frac{dx}{\sqrt{1-x^2}}$

(4) $\displaystyle\int_1^\infty \frac{dx}{x^3}$ (5) $\displaystyle\int_0^\infty \frac{dx}{1+x^2}$ (6) $\displaystyle\int_{-\infty}^0 xe^x\,dx$

(7) $\displaystyle\int_0^\infty x^2 e^{-x}\,dx$

6 偏微分

6.1 2変数関数

5章までは1つの変数 x に対する関数 $y = f(x)$ をおもに考えてきたが，空間図形を考察するときは，空間上の点 (x, y, z) についての関係式を考える必要がある．例えば

$$2x - 3y - z = 0, \quad x^2 + y^2 + z^2 = 1$$

などは空間内の平面や曲面を表す．このとき，z は2つの文字 x と y で表すことができる．さらに適当な条件のもとでは，x, y の値に応じて z の値がただ1つ決まる．実際，$2x - 3y - z = 0$ は $z = 2x - 3y$，また $z \geqq 0$ において $x^2 + y^2 + z^2 = 1$ は $z = \sqrt{1 - x^2 - y^2}$ と表される．このように，一般に2つの変数 x, y について z の値がただ1つ定まるとき，z を2変数 x, y の **2変数関数** と呼び，一般に

$$z = f(x, y), \quad z = g(x, y)$$

などと表す．関数 $z = f(x, y)$ において変数 x, y がとり得る値の範囲（領域）を **定義域** といい，D で表す．また，z のとり得る範囲を値域という．

例 6.1（**2変数関数の例**）

(1) $z = 2x + 5y + 5$（図 **6.1**）

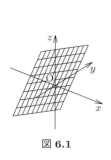 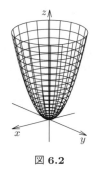 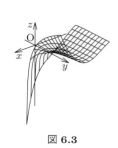

図 6.1　　　　図 6.2　　　　図 6.3

(2)　$z = x^2 + y^2$ （図 **6.2**）

(3)　$z = \sin x + e^x \log y$ （図 **6.3**）

いま，つぎのような体積の問題を考える．直方体 ABCDEFGH において 3 つの辺 AB，AD，AE の長さの和が一定（例えば 12 とする）であるとする．この 3 辺の長さを和を変えないように変化させたとき，体積の最大値はいくつか（解答は例題 6.12 を参照）．この問題を解くために AB $= x$, AD $= y$ とおくと AE $= 12 - x - y$ となるので，体積 V は

$$V = xy(12 - x - y)$$

と x, y の 2 変数関数で表される．この関数の最大値を求めるためには 1 変数関数の場合と同様に 2 変数関数の微分（偏微分という）が必要となる．

偏微分を定義する前に，2 変数関数の極限値と連続について簡単に触れる．

定義 6.1　（**極限値**）　平面上の点 A (a, b) とその近くの点 P (x, y) を考える．点 P が点 A と異なる点をとりながら点 A に限りなく近づくとき

$$\text{P} \to \text{A} \text{ または } (x, y) \to (a, b)$$

とかく．関数 $z = f(x, y)$ について $(x, y) \to (a, b)$ のとき，その近づき方によらず，$f(x, y)$ の値が一定の値 α に限りなく近づくならば

$$\lim_{(x,y)\to(a,b)} f(x,y) = \alpha$$

とかき，α を $(x,y) \to (a,b)$ のときの $f(x,y)$ の**極限値**と呼ぶ．

1 変数関数のときと同じように，連続関数をつぎのように定義する．

定義 6.2 （連続関数） 関数 $f(x,y)$ が定義域 D の 1 つの点 A (a,b) について

$$\lim_{(x,y)\to(a,b)} f(x,y) = f(a,b)$$

を満たすとき，$f(x,y)$ は点 A で**連続**であるといい，D の任意の点について連続であるとき $f(x,y)$ は D で連続である，または D 上の**連続関数**であるという．

極限値や連続に関して 1 変数関数の場合と同様なことが成り立つが，ここでは省略する．

例題 6.1 $\displaystyle\lim_{(x,y)\to(0,0)} \frac{xy}{\sqrt{x^2+y^2}}$ を求め，関数 $f(x,y) = \dfrac{xy}{\sqrt{x^2+y^2}}$ が $(0,0)$ で連続となるように $f(0,0)$ の値を定めよ．

【解答】 $x = r\cos t,\ y = r\sin t$ とおく．$(x,y) \to (0,0)$ は $r \to +0$ であるから

$$\lim_{(x,y)\to(0,0)} \frac{xy}{\sqrt{x^2+y^2}} = \lim_{r\to +0} \frac{r^2 \cos t \sin t}{r} = \left(\frac{\sin 2t}{2}\right) \lim_{r\to +0} r = 0$$

がわかる．このとき，$f(0,0) = 0$ とすると $f(x,y)$ は $(0,0)$ で連続となる． ◇

例 6.2 $f(x,y) = \dfrac{xy}{x^2+y^2}$ について極限値 $\displaystyle\lim_{(x,y)\to(0,0)} f(x,y)$ は存在しない．実際，上の例と同じように $x = r\cos t,\ y = r\sin t$ とおくと

$$\lim_{(x,y)\to(0,0)} f(x,y) = \lim_{r\to +0} \frac{\sin 2t}{2} = \frac{\sin 2t}{2}$$

となるので，t の値によってこの値は異なる．例えば x 軸上の点 (x,y) が原点 $(0,0)$ に近づくならば，$t=0$ よりこの値は 0 となる．ところが，直線 $y=x$ 上の点から原点に近づくならば，$t=\dfrac{\pi}{4}$ より極限値は $\dfrac{1}{2}$ となる．よって極限値は複数の値をとり得るので，一定値ではない．

注意：2 変数関数の極限では，さまざまな方向からの近づき方を考えるため，上の例のように $x=r\cos t,\ y=r\sin t$ とおくのが一般的である．この場合，r は原点からの距離，t は近づく方向を表している．極限値が存在するためには，どんな t の値に対しても同一の極限値が得られなければならない（図 **6.4**，図 **6.5**）．

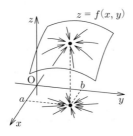

図 **6.4** 極限が存在する

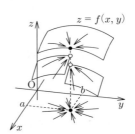

図 **6.5** 極限が存在しない

問　題　6.1

問 1. つぎの関数は点 $(0,0)$ で連続であるか判定せよ．ただし，$f(0,0)=0$ とする．

(1) $f(x,y)=\dfrac{x^2-y^2}{\sqrt{x^2+y^2}}$　　(2) $f(x,y)=\dfrac{x^2-y^2}{x^2+y^2}$

6.2　偏　導　関　数

$z=f(x,y)$ について定義域 D 内の 1 点 A (a,b) をとる．このとき
$$\lim_{h\to 0}\dfrac{f(a+h,b)-f(a,b)}{h}$$
が存在するならば，この値を $f(x,y)$ の点 (a,b) における x の**偏微分係数**といい，$f_x(a,b)$ で表す．同様に

$$\lim_{k \to 0} \frac{f(a, b+k) - f(a, b)}{k}$$

が存在するとき，この値を点 (a,b) における y の**偏微分係数**といい，$f_y(a,b)$ で表す．D の各点 (x,y) について x および y の偏微分係数が存在するとき，$f_x(x,y)$ を x に関する**偏導関数**，$f_y(x,y)$ を y に関する偏導関数と呼ぶ．さらに2つの偏導関数が存在するとき，$z = f(x,y)$ は**偏微分可能**であるという．また，$z = f(x,y)$ から偏導関数を求めることを $z = f(x,y)$ を**偏微分する**という．

x に関する偏導関数の記号は

$$f_x(x,y), \quad z_x, \quad \frac{\partial z}{\partial x}, \quad \frac{\partial f}{\partial x}$$

などで表し，y に関する偏導関数の記号は

$$f_y(x,y), \quad z_y, \quad \frac{\partial z}{\partial y}, \quad \frac{\partial f}{\partial y}$$

などを用いて表すことにする．

注意：$f_x(x,y)$ を求めるには，その定義より $z = f(x,y)$ で y を定数とみて，x の1変数関数として x で微分すればよい．$f_y(x,y)$ も同様である．

例題 6.2 つぎの関数の偏導関数を求めよ．
(1) $z = x^2 - 2xy + y^2 + 2$ (2) $z = e^x \sin y$
(3) $z = \log(x^2 + y^2)$

【解答】 (1) z は x については $z = x^2 - (2y)x + (y^2 + 2)$ と x の2次式とみなすことができるので，$z_x = 2x - 2y$ となる．同様に y については，z は y の2次式とみなすことができ，$z_y = -2x + 2y$ となる．
(2) (1)と同様にして $z_x = e^x \sin y$，$z_y = e^x \cos y$ となる．
(3) 対数微分の公式より $z_x = \dfrac{2x}{x^2 + y^2}$，$z_y = \dfrac{2y}{x^2 + y^2}$ となる． ◇

1変数関数 $y = f(x)$ に対して $f'(a)$ は点 $(a, f(a))$ における接線の傾きであった．では，$z = f(x,y)$ に対して $f_x(x,y)$，$f_y(x,y)$ は何を表しているのであろうか．

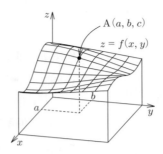

図 6.6 2変数関数 $z = f(x, y)$

図 6.6 のように，$z = f(x, y)$ で表される曲面上の点 A (a, b, c) をとる．ただし，$c = f(a, b)$ とする．このとき，平面 $y = b$ 上で関数 $f(x, b)$ を考えると，この関数は x の 1 変数関数で，曲線 $f(x, b)$ の点 A における接線の傾きが $f_x(a, b)$ となる．同様に，$f_y(a, b)$ は平面 $x = a$ 上における曲線 $f(a, y)$ の点 A での接線の傾きとなることがわかる（図 6.7）．

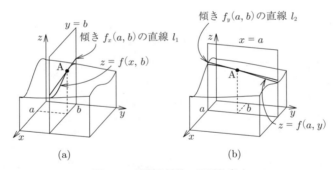

図 6.7 偏微分係数の図形的意味

2 変数関数 $f(x, y)$ は定義域 D 内の点 (a, b) で偏微分可能で，$f_x(x, y)$，$f_y(x, y)$ は連続であるとする．曲面 $z = f(x, y)$ 上の 1 点 A (a, b, c) をとる．ただし，$c = f(a, b)$ とする．点 A では図 6.7 のように 2 つの接線 l_1, l_2 が求められるので，この 2 つの直線を含む平面が定まる．これを点 A における $z = f(x, y)$ の**接平面**といい，その方程式はつぎの形で与えられる．

定理 6.1 (接平面の方程式)
定義域 D 内の点 (a, b) で偏微分可能, かつその偏導関数が連続な関数 $z = f(x, y)$ 上の点 A (a, b, c) における接平面の式は

$$z - c = f_x(a, b)(x - a) + f_y(a, b)(y - b) \tag{6.1}$$

となる (図 6.8).

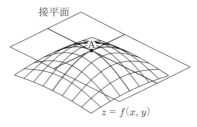

図 6.8 接平面

注意：高等学校の数学では平面の方程式は扱っていない．したがって，この定理を省略して進めてもかまわない．

問　題　6.2

問 1. つぎの関数の偏導関数を求めよ．
 (1)　$z = 3x - 2y$　　(2)　$z = x^3 - 3xy + y^3$
 (3)　$z = x^4 + 2x^2 y - y^3 + 1$　　(4)　$z = e^{x^2 y}$　　(5)　$z = \sin x \cos y$
 (6)　$z = \dfrac{x}{y}$

問 2. つぎの関数の点 A における接平面の方程式を求めよ．
 (1)　$z = \sqrt{1 - x^2 - y^2}$,　A $(0, 0, 1)$
 (2)　$z = x^2 + y^2$,　A $(1, 1, 2)$

6.3 全微分

1変数関数 $y = f(x)$ については増分

$$\Delta y = f(a+h) - f(a)$$

は重要な値であった．例えば平均値の定理を用いて近似値を求めることが可能であった．では，$z = f(x,y)$ についてはどうであろうか．

定義 6.3 （全微分） $z = f(x,y)$ は定義域 D 内の点 (a,b) で偏微分可能で，関数 $z = f(x,y)$ の増分

$$\Delta z = f(x+h, y+k) - f(x,y)$$

が偏導関数を用いてつぎのようにかけたとする．

$$\Delta z = f_x(x,y)h + f_y(x,y)k + R \tag{6.2}$$

もし，$(h,k) \to (0,0)$ のとき $\dfrac{R}{\sqrt{h^2+k^2}} \to 0$ であるならば，$z = f(x,y)$ は点 (a,b) で**全微分可能**であるという．また

$$dz = df = f_x(x,y)h + f_y(x,y)k \tag{6.3}$$

を $z = f(x,y)$ の**全微分**と呼ぶ．

$f(x,y) = x$ とするとき，$f_x(x,y) = 1$，$f_y(x,y) = 0$ より $dx = 1h + 0k = h$．同様に，$f(x,y) = y$ のとき $dy = k$ となるので，全微分はつぎのように表せる．

定理 6.2 （全微分） $z = f(x,y)$ の全微分は

$$dz = f_x(x,y)\,dx + f_y(x,y)\,dy \tag{6.4}$$

である.

例題 6.3 $z = x^2y + xy^3$ の全微分を求めよ.

【解答】 $z_x = 2xy + y^3$, $z_y = x^2 + 3xy^2$ より

$$dz = y(2x + y^2)\,dx + x(x + 3y^2)\,dy$$

となる. ◇

問　題　6.3

問 1. つぎの関数の全微分を求めよ.
  (1) $z = x^2 + y^2$　　(2) $z = x^2y^3 - xy^2$　　(3) $z = \sin xy$
  (4) $z = \dfrac{x}{y}$

6.4　2階の偏導関数

$z = f(x, y)$ の偏導関数 $f_x(x, y)$, $f_y(x, y)$ が x, y の関数で，さらに偏微分可能のとき，それらの偏導関数が求められる．つぎの4つの偏導関数

$$\frac{\partial}{\partial x}f_x(x, y), \quad \frac{\partial}{\partial y}f_x(x, y), \quad \frac{\partial}{\partial x}f_y(x, y), \quad \frac{\partial}{\partial y}f_y(x, y)$$

を **2階の偏導関数** または **2次の偏導関数** といって，それぞれ

$$f_{xx}(x, y), \quad f_{xy}(x, y), \quad f_{yx}(x, y), \quad f_{yy}(x, y);$$

$$z_{xx}, \quad z_{xy}, \quad z_{yx}, \quad z_{yy};$$

$$\frac{\partial^2 z}{\partial x^2}, \quad \frac{\partial^2 z}{\partial y \partial x}, \quad \frac{\partial^2 z}{\partial x \partial y}, \quad \frac{\partial^2 z}{\partial y^2}$$

などの記号で表す.

例題 6.4 $f(x, y) = x^3 + 3xy^2 - y^4 + 3$ の2階の偏導関数を求めよ.

【解答】 $f_x(x,y) = 3x^2 + 3y^2$, $f_y(x,y) = 6xy - 4y^3$ より

$$f_{xx}(x,y) = 6x, \quad f_{xy}(x,y) = 6y, \quad f_{yx}(x,y) = 6y, \quad f_{yy}(x,y) = 6x - 12y^2$$

となる. ◇

この例題では $f_{xy}(x,y)$, $f_{yx}(x,y)$ は共に $6y$ で同じである. 実際, つぎの定理が成り立つことが知られている.

定理 6.3 関数 $z = f(x,y)$ が2階の偏導関数 $f_{xy}(x,y)$, $f_{yx}(x,y)$ をもち, それらが連続ならば

$$f_{xy}(x,y) = f_{yx}(x,y) \tag{6.5}$$

である.

さて, $z = f(x,y)$ に対して2階の偏導関数 z_{xx} と z_{yy} を用いた方程式

$$z_{xx} + z_{yy} = 0 \tag{6.6}$$

を**ラプラス方程式**と呼び, この方程式を満たす関数を**調和関数**と呼ぶ.

例題 6.5 $z = \log(x^2 + y^2)$ は調和関数であることを示せ.

【解答】 $z_x = \dfrac{2x}{x^2 + y^2}$, $z_y = \dfrac{2y}{x^2 + y^2}$ であった. このとき

$$z_{xx} = \frac{2(y^2 - x^2)}{(x^2 + y^2)^2}, \quad z_{yy} = \frac{2(x^2 - y^2)}{(x^2 + y^2)^2}$$

となるので, $z_{xx} + z_{yy} = 0$ となる. ◇

注意: z_{xx}, z_{xy}, z_{yy} が, さらに x, y について偏微分できるならば, 3階の偏導関数が定義できるが, 本書では扱わないことにする.

問　題　6.4

問 1. つぎの関数の 2 階偏導関数を求めよ.
(1) $z = x^2 + y^2$　(2) $z = x^3 - 3xy^2 + y^3$　(3) $z = e^{xy}$
(4) $z = \dfrac{x}{y}$　(5) $z = \sin x \cos y$

問 2. つぎの関数は調和関数になることを示せ.
(1) $z = x^3 y - xy^3$　(2) $z = e^x \cos y$

6.5　合成関数の偏微分

いま，関数 $z = f(x, y)$ は全微分可能とする. また, 2 つの変数 x, y がパラメーター t を用いて

$$x = g(t), \quad y = h(t)$$

と表され，t について微分可能とする. このとき

$$z = f(g(t), h(t))$$

は変数 t の微分可能な関数となるので $\dfrac{dz}{dt}$ が求められる.

定理 6.4　$z = f(x, y)$ が全微分可能で, $x = g(t)$, $y = h(t)$ が微分可能ならば合成関数

$$z = f(g(t), h(t))$$

は t の関数として微分可能で

$$\frac{dz}{dt} = \frac{\partial z}{\partial x}\frac{dx}{dt} + \frac{\partial z}{\partial y}\frac{dy}{dt} \tag{6.7}$$

が成り立つ. すなわち

$$\frac{dz}{dt} = f_x(x,y)g'(t) + f_y(x,y)h'(t) \tag{6.8}$$

となる．

証明 証明の概略を述べる．微分の定義より

$$\frac{dz}{dt} = \lim_{k \to 0} \frac{f(g(t+k), h(t+k)) - f(g(t), h(t))}{k}$$

である．このとき

$$g(t+k) = g(t) + k_1 = x + k_1$$
$$h(t+k) = h(t) + k_2 = y + k_2$$

とおくと

$$\frac{dz}{dt} = \lim_{k \to 0} \frac{f(x+k_1, y+k_2) - f(x,y)}{k}$$
$$= \lim_{k \to 0} \frac{f(x+k_1, y+k_2) - f(x, y+k_2) + f(x, y+k_2) - f(x,y)}{k}$$

となる．よって

$$\frac{dz}{dt} = \lim_{k \to 0} \frac{f(x+k_1, y+k_2) - f(x, y+k_2)}{k_1} \cdot \frac{k_1}{k}$$
$$+ \lim_{k \to 0} \frac{f(x, y+k_2) - f(x,y)}{k_2} \cdot \frac{k_2}{k} \tag{6.9}$$

と変形できて，第 1 項が $f_x(x,y)g'(t)$ で第 2 項が $f_y(x,y)h'(t)$ となる． □

特に，$z = f(x,y)$ で $y = h(x)$ のときは，$x = t$ と考えて上の定理を用いると，つぎが成り立つ．

定理 6.5 $z = f(x,y)$ は全微分可能で，$y = h(x)$ が微分可能ならば

$$\frac{dz}{dx} = f_x(x,y) + f_y(x,y)y' \tag{6.10}$$

例題 6.6 $z = x^2 - xy + y^2$, $x = t+1$, $y = t^2 + t$ のとき，$\dfrac{dz}{dt}$ を求めよ．

【解答】 $z_x = 2x - y$, $z_y = -x + 2y$, $\dfrac{dx}{dt} = 1$, $\dfrac{dy}{dt} = 2t + 1$
よって

$$\frac{dz}{dt} = (2x-y) + (-x+2y)(2t+1) = 4t^3 + 3t^2 + 1$$

となる. ◇

つぎに, 関数 $z = f(x,y)$ の変数 x, y が 2 つの変数 u, v を用いて $x = g(u,v)$, $y = h(u,v)$ と表されているときは $z = f(g(u,v), h(u,v))$ となり, z は u, v の関数になる. このとき, u, v に関する z の偏導関数 z_u, z_v はつぎのような式で与えられる.

定理 6.6 $z = f(x,y)$ は全微分可能で, $x = g(u,v)$, $y = h(u,v)$ は u, v について偏微分可能であるとする. このとき

$$\frac{\partial z}{\partial u} = \frac{\partial z}{\partial x}\frac{\partial x}{\partial u} + \frac{\partial z}{\partial y}\frac{\partial y}{\partial u} \tag{6.11}$$

$$\frac{\partial z}{\partial v} = \frac{\partial z}{\partial x}\frac{\partial x}{\partial v} + \frac{\partial z}{\partial y}\frac{\partial y}{\partial v} \tag{6.12}$$

が成り立つ.

証明は, 変数 u, v の 1 つを定数とみてどちらかの 1 変数の場合と考えれば, 定理 6.4 からわかる.

例題 6.7 $z = x^2 + y^2$, $x = u^2 + v^2$, $y = uv$ のとき, $\dfrac{\partial z}{\partial u}$, $\dfrac{\partial z}{\partial v}$ を求めよ.

【解答】 $\dfrac{\partial z}{\partial x} = 2x$, $\dfrac{\partial z}{\partial y} = 2y$, $\dfrac{\partial x}{\partial u} = 2u$, $\dfrac{\partial y}{\partial u} = v$. よって

$$\frac{\partial z}{\partial u} = 4xu + 2yv = 2u(2u^2 + 3v^2)$$

同様に $\dfrac{\partial x}{\partial v} = 2v$, $\dfrac{\partial y}{\partial v} = u$, となるので

$$\frac{\partial z}{\partial v} = 4xv + 2yu = 2v(3u^2 + 2v^2)$$

◇

例題 6.8 $z = f(x,y)$, $x = r\cos\theta$, $y = r\sin\theta$ のとき, $\dfrac{\partial z}{\partial r}$, $\dfrac{\partial z}{\partial \theta}$ を求めよ.

【解答】 $\dfrac{\partial x}{\partial r}=\cos\theta,\ \dfrac{\partial y}{\partial r}=\sin\theta,\ \dfrac{\partial x}{\partial \theta}=-r\sin\theta,\ \dfrac{\partial y}{\partial \theta}=r\cos\theta$ なので

$$\frac{\partial z}{\partial r}=f_x(x,y)\cos\theta+f_y(x,y)\sin\theta$$

$$\frac{\partial z}{\partial \theta}=r(f_y(x,y)\cos\theta-f_x(x,y)\sin\theta)$$

となる. ◇

問　題　6.5

問 1. つぎの式で表される合成関数について $\dfrac{dz}{dt}$ を求めよ.
  (1)　$z=x^2+y^2,\ \ x=t,\ \ y=t^2$
  (2)　$z=x^2+y^2,\ \ x=\cos t,\ \ y=\sin t$
  (3)　$z=x^3+3xy-y^2,\ \ x=t,\ \ y=e^t$

問 2. つぎの関数について z_u, z_v を求めよ.
  (1)　$z=x^2+y^2,\ \ x=u+v,\ \ y=u-v$
  (2)　$z=x^3-3xy+y^3,\ \ x=uv,\ \ y=u^2+v^2$

6.6　陰関数定理

　関数 $f(x,y)=x-y^2$ に対して方程式 $f(x,y)=0$ を考える. このとき, $y=\sqrt{x}$ または $y=-\sqrt{x}$ とかくことができて, y は x の関数として表すことが可能となる. 一般に

$$F(x,y)=0$$

を y について解いて, $y=g(x)$ と x の関数として表したとき, $y=g(x)$ を $F(x,y)=0$ の**陰関数**と呼ぶ. さて, $y=g(x)$ の導関数を求めよう.
　いま, $z=F(x,y)=0$ とおくと, これは $y=g(x)$ と陰関数で表されるので, 合成関数の偏微分の定理から

$$\frac{dz}{dx}=F_x(x,y)+F_y(x,y)y'=0$$

となる．したがって，つぎの陰関数定理が成り立つ．

定理 6.7 （陰関数定理） $F(x,y)$ が偏微分可能で偏導関数 $F_x(x,y)$, $F_y(x,y)$ は連続とする．$F_y(x,y) \neq 0$ ならば，$F(x,y) = 0$ の陰関数 $y = g(x)$ が存在し

$$y' = -\frac{F_x(x,y)}{F_y(x,y)} \tag{6.13}$$

を満たす．

注意：この定理は，陰関数 $y = g(x)$ が具体的に求められないときにも，その導関数 $g'(x)$ が得られる点で有益である．

この定理を利用すると，曲線 $F(x,y) = 0$ 上の点 (a,b) における接線の方程式がつぎのように求められる．

定理 6.8 （陰関数の接線の方程式） 曲線 $F(x,y) = 0$ 上の点 (a,b) における接線の方程式は

$$F_x(a,b)(x-a) + F_y(a,b)(y-b) = 0 \tag{6.14}$$

で与えられる．ただし，$F_x(a,b) = F_y(a,b) = 0$ の場合は除く．

証明 陰関数定理より $y' = -\dfrac{F_x(x,y)}{F_y(x,y)}$ となるので，接線の傾きは $-\dfrac{F_x(a,b)}{F_y(a,b)}$ となる．よって

$$y - b = -\frac{F_x(a,b)}{F_y(a,b)}(x-a)$$

これから定理の式が導かれる． □

例題 6.9 単位円 $x^2 + y^2 = 1$ 上の点 (a,b) における接線の方程式は

$$ax + by = 1$$

で与えられることを示せ．

【解答】 $F(x,y) = x^2 + y^2 - 1$ とおくと，$F_x(x,y) = 2x$, $F_y(x,y) = 2y$. よって $F_x(a,b) = 2a$, $F_y(a,b) = 2b$. ゆえに接線の方程式は

$$2b(y-b) + 2a(x-a) = 0$$

したがって，$ax + by = a^2 + b^2 = 1$ となる（図 **6.9**）．

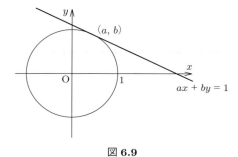

図 **6.9**

◇

例題 6.10 曲線 $x^2 + axy - y^2 - 1 = 0$ 上の点 $(1,b)$ における接線の傾きが -3 であるとき，実数 a および b の値を求めよ．ただし $b \neq 0$ とする．

【解答】 点 $(1,b)$ は曲線上にあるので

$$ab - b^2 = 0$$

がいえる．よって，$b \neq 0$ だから $a = b$ となる．また
$F(x,y) = x^2 + axy - y^2 - 1$ とおくとき

$$F_x(x,y) = 2x + ay, \quad F_y(x,y) = ax - 2y$$

したがって $F_x(1,b) = 2 + ab$, $F_y(1,b) = a - 2b$ となる．このとき

$$（傾き）= -\frac{2+ab}{a-2b} = -3$$

となるので，$b = a$ とあわせて

$$a^2 + 3a + 2 = 0$$

が成り立つ．よって $a = -1, -2$ となるので，$a = b = -1$, $a = b = -2$ がいえる． ◇

問　題　6.6

問1. つぎの方程式の陰関数について $\dfrac{dy}{dx}$ を求めよ．
 (1) $x^2 + y^2 - 3xy = 0$ (2) $e^{xy} + e^x - e^y = 0$
 (3) $\dfrac{1}{4}x^2 + \dfrac{1}{9}y^2 = 1$

問2. 曲線 $x^3 - 3x^2y + y^3 = 3$ 上の点 (a,b) における接線の傾きが 1 となるように実数 a, b の値を定めよ．ただし $b \neq 0$ とする．

6.7　2変数関数の極値

定義 6.4 (極大値，極小値)　関数 $z = f(x,y)$ が点 (a,b) の近くの点 (x,y) に対して，つねに

$$f(x,y) < f(a,b)$$

を満たすとき，$f(x,y)$ は点 (a,b) で**極大値** $f(a,b)$ をとるという（図 **6.10**(i)）．同様に点 (a,b) の近くの点 (x,y) に対して，つねに

$$f(x,y) > f(a,b)$$

を満たすとき，$f(x,y)$ は点 (a,b) で**極小値** $f(a,b)$ をとるという（図 **6.10**(ii)）．この極大値と極小値をまとめて**極値**と呼ぶ．

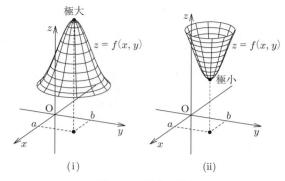

図 6.10 極大・極小

極値を与える点 (a,b) について，つぎの定理が成り立つ．

定理 6.9 関数 $f(x,y)$ は偏微分可能とする．$f(x,y)$ が (a,b) で極値をとるならば

$$f_x(a,b) = 0, \quad f_y(a,b) = 0 \tag{6.15}$$

証明 $f(a,b)$ が極大値であるとする．いま，b を固定したとき関数 $g(x)$ を $g(x) = f(x,b)$ とおくと，a に近い実数 x について点 (x,b) は点 (a,b) に近くなるので，つねに

$$g(x) = f(x,b) < f(a,b) = g(a)$$

を満たす．よって，$g(a)$ は x の関数 $g(x)$ の極大値となる．ゆえに，1 変数関数の極値の条件から

$$g'(a) = 0$$

すなわち $f_x(a,b) = 0$ が成り立つ．同様にして a を固定した関数 $h(y)$ を $h(y) = f(a,y)$ とおくと，b に近い実数 y について点 (a,y) は点 (a,b) に近いので，やはり

$$h(y) = f(a,y) < f(a,b) = h(b)$$

を満たす．よって $h(b)$ は y の関数 $h(y)$ の極大値となる．ゆえに 1 変数関数の極値の条件から

$$h'(b) = 0$$

すなわち $f_y(a,b) = 0$ もいえる．$f(a,b)$ が極小値となる場合も同じ方法で成り立つことがわかる． □

注意：式 (6.15) を満たす点を**停留点**という．停留点であることは，極値をとるための必要条件であって，十分条件ではないことに注意が必要である．例えば，$f(x,y) = x^2 - y^2$ について，$f_x(x,y) = 2x$，$f_y(x,y) = 2y$ なので，停留点は $(0,0)$ である．しかし，$(0,0)$ を除く x 軸上の点では $z > 0$，同様に，$(0,0)$ を除く y 軸上の点では $z < 0$ であるから，この関数は $(0,0)$ で極大でも極小でもないことがわかる（後で述べる定理 6.10 を用いて判定することも可能である）（図 **6.11**）．

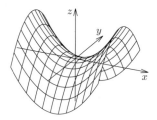

図 **6.11** $z = x^2 - y^2$ のグラフ

定理 6.9 から，$f(a,b)$ が極値となるための (a,b) の満たすべき必要条件が得られた．そこで，極値を判定するための方法を考えよう．1 変数関数の場合のように増減表をかくことは不可能なので，つぎのようなことを考察する．h, k を十分小さな実数として，次式のようにおく（h^3, h^2k, hk^2, k^3 はすべて 0 とみなせるほど小さくする）．

$$\Delta z = f(a+h, b+k) - f(a,b) \tag{6.16}$$

全微分の式より

$$\Delta z = f_x(a,b)h + f_y(a,b)k + R$$

となる．このとき 2 変数関数のテイラー展開（付録の定理 A.8 参照）を用いると

6. 偏微分

$$\Delta z = f_x(a,b)h + f_y(a,b)k$$
$$+ \frac{1}{2}\Big(f_{xx}(a,b)h^2 + 2f_{xy}(a,b)hk + f_{yy}(a,b)k^2\Big)$$
$$+ \{(h,k) \text{ の } 3 \text{ 次式以上の項}\}$$

と表される．ところで，$f_x(a,b) = f_y(a,b) = 0$，また $\{(h,k)$ の 3 次式以上の項$\}$ は 0 とみなせるので

$$\Delta z = \frac{1}{2}\Big(f_{xx}(a,b)h^2 + 2f_{xy}(a,b)hk + f_{yy}(a,b)k^2\Big)$$

となる．そこで，$t = \dfrac{h}{k}$ とおくと

$$\Delta z = \frac{k^2}{2}\Big(f_{xx}(a,b)t^2 + 2f_{xy}(a,b)t + f_{yy}(a,b)\Big)$$

となり，関数 $g(t)$ を

$$g(t) = f_{xx}(a,b)t^2 + 2f_{xy}(a,b)t + f_{yy}(a,b) \tag{6.17}$$

と定義すると，h, k が十分小さな実数を任意に動くので，t は実数全体を動くことがわかる．よって，$g(t)$ は実数全体を定義域とする 2 次関数と考えることができる．このとき

$$f(a,b) \text{ が極大値} \iff f(a+h, b+k) < f(a,b) \iff \Delta z < 0$$

がいえる．ただし，h, k は十分小さな実数とする．したがって

$$f(a,b) \text{ が極大値} \iff \text{任意の実数 } t \text{ について } g(t) < 0$$

が成り立つ．ところで 2 次関数の理論より任意の実数 t についてつねに $g(t) < 0$ となるのは

(1) 2 次の係数 $f_{xx}(a,b) < 0$
(2) 判別式 $\dfrac{D}{4} = f_{xy}(a,b)^2 - f_{xx}(a,b)f_{yy}(a,b) < 0$

が満たされるときである．したがって，(1), (2) が $f(a,b)$ が極大値となる必要十分条件である．同様にして，$f(a,b)$ が極小値となる必要十分条件は

(3) 2次の係数 $f_{xx}(a,b) > 0$

(4) 判別式 $\dfrac{D}{4} = f_{xy}(a,b)^2 - f_{xx}(a,b) f_{yy}(a,b) < 0$

を満たすことである．

以上より，つぎの定理を得る．

定理 6.10 (**極値の判定**) 関数 $f(x,y)$ が点 (a,b) で $f_x(a,b) = f_y(a,b) = 0$ を満たすとする．

$$D(a,b) = \{f_{xy}(a,b)\}^2 - f_{xx}(a,b) f_{yy}(a,b) \tag{6.18}$$

とおくとき

$$D(a,b) < 0$$

ならば，$f(x,y)$ は極値をもつ．このとき

$f_{xx}(a,b) < 0$ ならば $f(a,b)$ は $f(x,y)$ の極大値であり，

$f_{xx}(a,b) > 0$ ならば $f(a,b)$ は $f(x,y)$ の極小値となる．

また

$$D(a,b) > 0$$

のときは $f(a,b)$ は $f(x,y)$ の極値ではない．

証明 前半はすでに述べてある．$D(a,b) > 0$ がいえるときは，Δz の値が正または負の値を点 (a,b) の近くの点 (x,y) に関してとることになり，極大でも極小でもないことがわかる． □

例題 6.11 関数 $f(x,y) = x^2 - 2xy + 2y^2 - 2x - 2y + 3$ の極値を求めよ．

【解答】 $f_x(x,y) = 2x - 2y - 2$, $f_y(x,y) = -2x + 4y - 2$, $f_{xx}(x,y) = 2$, $f_{xy}(x,y) = -2$, $f_{yy} = 4$ であるので極値を与える点の候補は $(x,y) = (3,2)$ となる．このとき

$$D(3,2) = (-2)^2 - 2 \times 4 < 0$$

で，$f_{xx}(3,2) = 2 > 0$ より $f(x,y)$ は極値をもち，$f(3,2)$ は極小値である．よって極小値は -2 となる． ◇

では，この章の最初に考えた立体の体積の最大値を求めてみよう．

例題 6.12 三辺の和が一定（$= 12$ とする）である直方体のうちで，体積が最大であるものを求めよ．

【解答】 直方体の縦の長さを x，横の長さを y とすると，高さは $12 - x - y$ となる．このとき，体積を V とおくと

$$V = xy(12 - x - y)$$

である．右辺を $f(x,y)$ とする．

$$f_x(x,y) = y(12 - 2x - y)$$
$$f_y(x,y) = x(12 - x - 2y)$$

より x, y は正数であることに注意すると，$f_x(x,y) = 0$, $f_y(x,y) = 0$ を満たす解は $(x,y) = (4,4)$ である．このとき

$$f_{xx}(x,y) = -2y$$
$$f_{xy}(x,y) = 12 - 2x - 2y$$
$$f_{yy} = -2x$$

となるので，$D(4,4) = 16 - 64 < 0$ で $f_{xx}(4,4) = -8 < 0$ がいえる．x, y は $0 < x, y < 12$ より極大値が最大値になる．よって立方体のとき体積が最大となり，その値は 64 である． ◇

注意：$f_x(x,y) = 0$, $f_y(x,y) = 0$ を満たす (a,b) が

$$D(a,b) = 0$$

となるときには，$f(a,b)$ が極値であるかどうかは上の方法では判定できない．

例題 6.13 $f(x,y) = x^4 + 2x^2y^2 + 2y^4$ は極小値 0 をもつことを示せ．

【解答】 $f_x(x,y) = 4x^3 + 4xy^2$, $f_y(x,y) = 4x^2y + 8y^3$ より, $f_x(x,y) = 0$, $f_y(x,y) = 0$ を満たす実数 x, y は $x = y = 0$ のみ. このとき

$$f_{xx}(x,y) = 12x^2 + 4y^2$$
$$f_{xy}(x,y) = 8xy$$
$$f_{yy}(x,y) = 4x^2 + 24y^2$$

だから $D(0,0) = 0$ となり判定できない. ところで

$$f(x,y) = (x^2 + y^2)^2 + y^4 \geqq 0$$

であるから, $(x,y) \neq (0,0)$ では $f(x,y) > 0$ であることがわかる.
よって, $(0,0)$ の近くの点 (x,y) でつねに

$$f(x,y) > f(0,0)$$

が成り立つので, $f(x,y)$ は $(0,0)$ で極小値 $f(0,0) = 0$ をもつ. ◇

問 題 6.7

問 1. つぎの関数の極値を調べよ.
    (1) $f(x,y) = x^2 - 2xy + 2y^2$
    (2) $f(x,y) = x^2 + 2xy + 2y^2 - 2x - 2y + 3$
    (3) $f(x,y) = -x^2 + 2xy - 3y^2 - 2x - 2y + 1$
    (4) $f(x,y) = x^3 - 9xy + y^3$

7 二 重 積 分

7.1 二重積分の定義と性質

平面上につぎのような長方形の領域

$$D = \{(x,y) \mid a \leq x \leq b,\ c \leq y \leq d\} \tag{7.1}$$

をとり，領域 D で定義された連続関数 $f(x,y)$ を考える（**図 7.1**）．これ以降，本章で扱う関数はすべて連続関数とする．

区間 $[a,b]$, $[c,d]$ をそれぞれつぎのように分割する．

$$a = x_0 < x_1 < \cdots < x_m = b,\ \ c = y_0 < y_1 < \cdots < y_n = d \tag{7.2}$$

これにより，領域 D は mn 個の小長方形に分割される（**図 7.2**）．

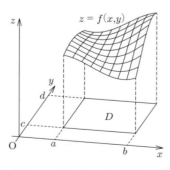

図 **7.1** 関数 $f(x,y)$ と領域 D

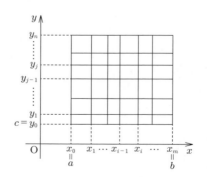

図 **7.2** 領域 D の分割

この各長方形を

$$D_{ij} = \{(x,y) \,|\, x_{i-1} \leqq x \leqq x_i,\ y_{j-1} \leqq y \leqq y_j\} \tag{7.3}$$

とおき,各分割の幅を

$$\Delta x_i = x_i - x_{i-1}, \qquad \Delta y_j = y_j - y_{j-1} \tag{7.4}$$

とおく ($i = 1, 2, \cdots, m\,;\ j = 1, 2, \cdots n$). また,各長方形 D_{ij} 内に任意に1つの点 $\mathrm{P}_{ij}(\xi_i, \eta_j)$ をとる. このとき,領域 D で $f(x,y)$ の値が正であるならば, $f(\xi_i, \eta_j)\Delta x_i \Delta y_j$ は図 **7.3** のような直方体の体積を表す. そこで,それらの総和

$$R_{mn} = \sum_{i=1}^{m} \sum_{j=1}^{n} f(\xi_i, \eta_j) \Delta x_i \Delta y_j \tag{7.5}$$

を考える (図 **7.4**).

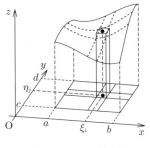 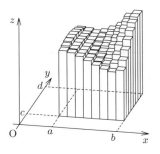

図 **7.3**　1つの直方体　　　図 **7.4**　すべての直方体

ここで,各分割の幅 $\Delta x_1, \cdots, \Delta x_m, \Delta y_1, \cdots, \Delta y_n$ の最大値を 0 に近づけるとき, R_{mn} の値が点 $\mathrm{P}_{ij}(\xi_i, \eta_j)$ のとり方に無関係に一定の値に限りなく近づくならば,この極限値を $f(x,y)$ の D における**二重積分**といい

$$\iint_D f(x,y)\,dxdy \tag{7.6}$$

と表す. $f(x,y)$ の値が領域 D で正とは限らない場合も,同様にして二重積分を定義する. また,一般の領域 D においても上と同様にして二重積分を定義す

ることが可能である（図 7.5）．その際，点 $\mathrm{P}_{ij}(\xi_i, \eta_j)$ を領域 D の外部にとったときは $f(\xi_i, \eta_j) = 0$ と考える．

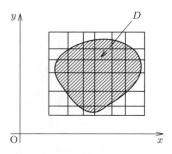

図 **7.5** 一般の領域 D の場合

定義から明らかなように，$f(x,y) \geqq 0$ ならば，D における二重積分は曲面 $z = f(x,y)$，領域 D および D の境界上の各点を通り z 軸に平行な直線の作る曲面で囲まれた立体の体積であることに注意しておく．また，定義よりつぎの性質が成り立つことがわかる．

定理 7.1

(1) 定数 α, β について

$$\iint_D (\alpha f(x,y) + \beta g(x,y))dxdy$$
$$= \alpha \iint_D f(x,y)dxdy + \beta \iint_D g(x,y)dxdy \tag{7.7}$$

(2) 領域 D を 2 つの領域 D_1 と D_2 に分割するとき

$$\iint_D f(x,y)dxdy = \iint_{D_1} f(x,y)dxdy + \iint_{D_2} f(x,y)dxdy \tag{7.8}$$

7.2 累次積分

本節では，二重積分の計算方法を紹介する．まずは，つぎの長方形領域

$$D = \{(x,y) \mid a \leqq x \leqq b,\ c \leqq y \leqq d\} \tag{7.9}$$

で考えよう．$f(x,y)$ は D 上で連続かつ $f(x,y) \geqq 0$ とする．このとき，$f(x,y)$ の領域 D における二重積分は曲面 $z = f(x,y)$，領域 D，D の境界上の各点を通り z 軸に平行な直線の作る曲面で囲まれた立体の体積 V であった．一方，図 **7.6** のように，この立体を点 $(x,0,0)$ を通り，yz 平面に平行な平面で切った断面の面積を $S(x)$ とすると

$$S(x) = \int_c^d f(x,y)dy \tag{7.10}$$

であるから，定理 5.16 より体積 V は

$$V = \int_a^b S(x)dx \tag{7.11}$$

で得られる．つまり

$$V = \iint_D f(x,y)dxdy = \int_a^b \left\{ \int_c^d f(x,y)dy \right\} dx \tag{7.12}$$

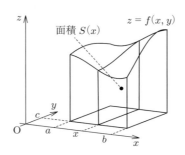

図 **7.6** $(x,0,0)$ を通る平面による断面

が成り立つ．この右辺のような形の積分を**累次積分**という．

等式 (7.12) は $f(x,y) < 0$ である場合にも成り立つことが知られている．また，この立体を点 $(0, y, 0)$ を通り，zx 平面に平行な平面で切って考えた場合も同様のことが成り立つので，つぎの定理を得る．

定理 7.2 領域 D が $D = \{(x,y) \mid a \leqq x \leqq b,\ c \leqq y \leqq d\}$ と表されるとき

$$\iint_D f(x,y)dxdy = \int_a^b \int_c^d f(x,y)dydx \tag{7.13}$$

$$= \int_c^d \int_a^b f(x,y)dxdy \tag{7.14}$$

定理 7.2 を用いて，二重積分を計算してみよう．

例題 7.1 つぎの重積分を計算せよ．

(1) $\displaystyle\iint_D (x^2 - xy)\,dxdy, \quad D = \{(x,y) \mid 1 \leqq x \leqq 2,\ 0 \leqq y \leqq 1\}$

(2) $\displaystyle\iint_D \sin(x+y)\,dxdy, \quad D = \left\{(x,y) \,\middle|\, 0 \leqq x \leqq \frac{\pi}{2},\ 0 \leqq y \leqq \frac{\pi}{2}\right\}$

【解答】

(1) $\displaystyle\int_D (x^2 - xy)\,dxdy = \int_0^1 \left\{\int_1^2 (x^2 - xy)dx\right\} dy$

$\displaystyle\qquad\qquad\qquad\qquad = \int_0^1 \left[\frac{1}{3}x^3 - \frac{1}{2}x^2 y\right]_1^2 dy$

$\displaystyle\qquad\qquad\qquad\qquad = \int_0^1 \left(\frac{7}{3} - \frac{3}{2}y\right) dy$

$\displaystyle\qquad\qquad\qquad\qquad = \left[\frac{7}{3}y - \frac{3}{4}y^2\right]_0^1 = \frac{19}{12}$

(2) $\displaystyle\int_D \sin(x+y)\,dxdy = \int_0^{\frac{\pi}{2}} \left\{\int_0^{\frac{\pi}{2}} \sin(x+y)dx\right\} dy$

$\displaystyle\qquad\qquad\qquad\qquad = \int_0^{\frac{\pi}{2}} \left[-\cos(x+y)\right]_0^{\frac{\pi}{2}} dy$

$$= \int_0^{\frac{\pi}{2}} \left(-\cos\left(\frac{\pi}{2} + y\right) + \cos y \right) dy$$
$$= \left[-\sin\left(\frac{\pi}{2} + y\right) + \sin y \right]_0^{\frac{\pi}{2}}$$
$$= -\sin \pi + \sin\frac{\pi}{2} + \sin\frac{\pi}{2} - \sin 0 = 2$$

◇

つぎに連続な曲線で囲まれる領域上での積分を考えよう．ここでは，つぎの2つの場合のみ紹介しておく．

定理 7.3

(1) $D_1 = \{(x,y) \,|\, a \leq x \leq b,\ g(x) \leq y \leq h(x)\}$ であるとき（図 **7.7**(i)）

$$\iint_D f(x,y)dxdy = \int_a^b \int_{g(x)}^{h(x)} f(x,y)dydx \tag{7.15}$$

(2) $D_2 = \{(x,y) \,|\, p(y) \leq x \leq q(y),\ c \leq y \leq d\}$ であるとき（図 7.7(ii)）

$$\iint_D f(x,y)dxdy = \int_c^d \int_{p(y)}^{q(y)} f(x,y)dxdy \tag{7.16}$$

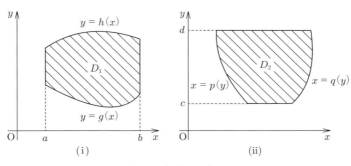

図 **7.7**　領域 D_1 と D_2

例題 7.2　つぎの二重積分を計算せよ．

7. 二重積分

$$\iint_D (x^2 - y^2) dx dy, \qquad D = \{(x, y) \mid 0 \leq x \leq 1,\ 0 \leq y \leq x\}$$

【解答】

$$\begin{aligned}
\iint_D (x^2 - y^2) dx dy &= \int_0^1 \left\{ \int_0^x (x^2 - y^2) dy \right\} dx \\
&= \int_0^1 \left[x^2 y - \frac{1}{3} y^3 \right]_0^x dx \\
&= \int_0^1 \frac{2}{3} x^3 dx \\
&= \left[\frac{1}{6} x^4 \right]_0^1 \\
&= \frac{1}{6}
\end{aligned}$$

$\diamond$

問　題　7.2

問 1. つぎの累次積分を求めよ．

(1) $\displaystyle\int_1^2 \left\{ \int_1^2 (3x^2 - 6xy^2)\, dy \right\} dx$ 　　(2) $\displaystyle\int_0^1 \left\{ \int_1^2 xy\, dy \right\} dx$

(3) $\displaystyle\int_1^2 \left\{ \int_0^1 xy\, dx \right\} dy$ 　　(4) $\displaystyle\int_1^2 \left\{ \int_0^x (x^2 + y^2)\, dy \right\} dx$

問 2. つぎの二重積分を求めよ．

(1) $\displaystyle\iint_D (x + y)\, dx dy \quad D = \{(x, y) | 0 \leq x \leq 1,\ 0 \leq y \leq 1\}$

(2) $\displaystyle\iint_D xy\, dx dy \quad D = \{(x, y) | 1 \leq x \leq 2,\ x \leq y \leq 2x\}$

付　　　　録

A.1　双曲線関数

指数関数 e^x を用いた関数について考えることにする.

定義 A.1　(双曲線関数)　$\sinh x$, $\cosh x$ をつぎの公式によって定義する.
$$\sinh x = \frac{e^x - e^{-x}}{2}, \quad \cosh x = \frac{e^x + e^{-x}}{2} \tag{A.1}$$
また, $\tanh x$ を
$$\tanh x = \frac{\sinh x}{\cosh x} \tag{A.2}$$
と定義する. このとき, $\sinh x$ をハイパボリックサイン x と呼ぶ. ほかも同様である.

定理 A.1　a を任意の実数としたとき, 点 A $(\cosh a, \sinh a)$ は双曲線
$$x^2 - y^2 = 1$$
上の点である.

証明　$x^2 - y^2 = \left(\dfrac{e^a + e^{-a}}{2}\right)^2 - \left(\dfrac{e^a - e^{-a}}{2}\right)^2 = e^a e^{-a} = 1$　　□

双曲線関数は, つぎのような三角関数と類似した性質をもつ.

定理 A.2

(1)　$\cosh^2 x - \sinh^2 x = 1$ 　　(A.3)

(2)　$1 - \tanh^2 x = \dfrac{1}{\cosh^2 x}$ 　　(A.4)

(3)　$\sinh 2x = 2 \sinh x \cosh x$ 　　(A.5)

(4)　$\cosh 2x = \cosh^2 x + \sinh^2 x$ 　　(A.6)

$$= 2\cosh^2 x - 1 \tag{A.7}$$
$$= 1 + 2\sinh^2 x \tag{A.8}$$

証明は明らかなので省略する.

定理 A.3
(1) $y = \sinh x$, $y = \tanh x$ は単調増加関数である.
(2) $y = \cosh x$ は $x \geqq 0$ で単調増加, $x \leqq 0$ で単調減少な関数となる.

この定理も明らかであろう. さて, 双曲線関数の導関数は指数関数の微分からつぎの形になる.

定理 A.4
(1) $(\sinh x)' = \cosh x$ \hfill (A.9)
(2) $(\cosh x)' = \sinh x$ \hfill (A.10)
(3) $(\tanh x)' = \dfrac{1}{\cosh^2 x}$ \hfill (A.11)

この双曲線関数の応用としてつぎの不定積分を考えてみる.

例題 A.1 つぎの不定積分を求めよ.
(1) $\displaystyle\int \frac{dx}{\sqrt{1+x^2}}$ (2) $\displaystyle\int \frac{dx}{1-x^2}$

【解答】(1) $x = \sinh t$ とおく. このとき, $dx = (\cosh t)\,dt$ で, $\sqrt{1+x^2} = \cosh t$ となるので
$$\int \frac{dx}{\sqrt{1+x^2}} = \int dt = t + C$$
が成り立つ.

(2) $x = \tanh t$ とおく. このとき, $dx = \dfrac{dt}{\cosh^2 t}$ で, $\dfrac{1}{1-x^2} = \cosh^2 t$ となるから
$$\int \frac{dx}{1-x^2} = \int dt = t + C$$
が成り立つ. \hfill ◇

さて, (1), (2) は答はいずれも t の式である. (1) では $x = \sinh t$ を満たす t であ

り，(2) の式では $x = \tanh t$ を満たすものである．よって逆三角関数の定義と同じように，t は双曲線関数を用いてつぎのように表せる．

定義 A.2 （逆双曲線関数） $y = \sinh x$ はすべての実数 x に対して単調増加関数になるので逆関数が存在する．したがってその逆関数を

$$y = \sinh^{-1} x$$

と表す．同様に $y = \cosh x$ は $x \geqq 0$ では単調増加より逆関数を

$$y = \cosh^{-1} x \quad (\text{ただし } x \geqq 0)$$

と表す．また $y = \tanh x$ の逆関数を

$$y = \tanh^{-1} x$$

と表す．

この定義よりつぎの結果を得る．

定理 A.5

$$\int \frac{dx}{\sqrt{1+x^2}} = \sinh^{-1} x + C \tag{A.12}$$

$$\int \frac{dx}{1-x^2} = \tanh^{-1} x + C \tag{A.13}$$

である．したがって，関数 $\sinh^{-1} x$, $\tanh^{-1} x$ の導関数は

$$(\sinh^{-1} x)' = \frac{1}{\sqrt{1+x^2}} \tag{A.14}$$

$$(\tanh^{-1} x)' = \frac{1}{1-x^2} \tag{A.15}$$

である．

つぎに，$\sinh^{-1} x$, $\tanh^{-1} x$ を具体的に求めてみる．つぎのことが成り立つ．

定理 A.6 逆双曲線関数はつぎの形で与えられる．

$$\sinh^{-1} x = \log(x + \sqrt{x^2+1}) \tag{A.16}$$

$$\cosh^{-1} x = \log(x + \sqrt{x^2-1}) \tag{A.17}$$

$$\tanh^{-1} x = \frac{1}{2} \log \frac{1+x}{1-x} \tag{A.18}$$

証明 $y = \sinh^{-1} x$ は $x = \sinh y$ から y を解けばよい．よって $x = \dfrac{e^y - e^{-y}}{2}$ から $e^y = u$ とおくと

$$u^2 - 2xu - 1 = 0$$

$u \geqq 0$ に注意すると $y = \log\left(x + \sqrt{x^2 + 1}\right)$ を得る．同様にして $\cosh^{-1} x = \log\left(x + \sqrt{x^2 - 1}\right)$ となる．また，$y = \tanh^{-1} x$ のときは $x = \dfrac{e^y - e^{-y}}{e^y + e^{-y}}$ から $u = e^y$ とすると

$$xu^2 + x = u^2 - 1$$

となるので $u^2 = \dfrac{1+x}{1-x}$．よって $\tanh^{-1} x = \dfrac{1}{2} \log \dfrac{1+x}{1-x}$ □

注意： 上の定理より

$$(\cosh^{-1} x)' = \frac{1}{\sqrt{x^2 - 1}}$$

が得られる．また右辺の式はよく知られた関数である．

つぎに，逆双曲線関数の原始関数を求めてみる．

定理 A.7

$$\int \sinh^{-1} x \, dx = x \sinh^{-1} x - \sqrt{x^2 + 1} + C \tag{A.19}$$

$$\int \cosh^{-1} x \, dx = x \cosh^{-1} x - \sqrt{x^2 - 1} + C \tag{A.20}$$

$$\int \tanh^{-1} x \, dx = x \tanh^{-1} x + \frac{1}{2} \log\left(1 - x^2\right) + C \tag{A.21}$$

証明 部分積分の公式から $h(x)$ を関数とすると

$$\int h(x) \, dx = x h(x) - \int x h'(x) \, dx$$

がいえる．よって

$$\int \sinh^{-1} x \, dx = x \sinh^{-1} x - \int x \frac{dx}{\sqrt{x^2 + 1}}$$
$$= x \sinh^{-1} x - \sqrt{x^2 + 1} + C$$

となる． $\int \cosh^{-1} x \, dx$, $\int \tanh^{-1} x \, dx$ も同様である． □

問　題　A.1

問 1. つぎの不定積分を求めよ．
(1) $\displaystyle\int \tanh x \, dx$　　(2) $\displaystyle\int \frac{dx}{\sqrt{x^2-4}}$　　(3) $\displaystyle\int \frac{dx}{9-x^2}$

A.2　2変数関数のテイラー展開

1変数関数の場合と同じように2変数関数を展開してみる．いま, $g(t)$ を1変数 t の関数としてマクローリン展開すると

$$g(t) = g(0) + g'(0)t + \cdots + \frac{g^{(n)}(0)}{n!}t^n + \cdots$$

となった．いま, $z = f(x,y)$ を何回でも偏微分可能な関数とする．また, a, b, h, k を実数として, $g(t) = f(a+ht, b+kt)$ とおく．この $g(t)$ の高次導関数は, $x = a+ht$, $y = b+kt$ であることに注意すると

$$\begin{aligned} g'(t) &= f_x(a+ht, b+kt)h + f_y(a+ht, b+kt)k \\ &= f_x(x,y)h + f_y(x,y)k \\ g''(t) &= f_{xx}(x,y)h^2 + 2f_{xy}(x,y)hk + f_{yy}(x,y)k^2 \\ &\vdots \qquad\qquad \vdots \end{aligned}$$

となるので

$$\begin{aligned} g(0) &= f(a,b) \\ g'(0) &= f_x(a,b)h + f_y(a,b)k \\ g''(0) &= f_{xx}(a,b)h^2 + 2f_{xy}(a,b)hk + f_{yy}(a,b)k^2 \\ &\vdots \qquad\qquad \vdots \end{aligned}$$

となる．このとき, $g(t)$ のマクローリン展開において $t=1$ とすると, つぎの定理が成り立ち, 無限級数に展開できる．

定理 A.8 (2 変数関数のテイラー展開)

$$f(a+h, b+k) = f(a,b) + f_x(a,b)h + f_y(a,b)k$$
$$+ \frac{1}{2!}\left(f_{xx}(a,b)h^2 + 2f_{xy}(a,b)hk + f_{yy}(a,b)k^2\right) + \cdots \quad (A.22)$$

この定理でさらに $a = b = 0$, $h = x$, $k = y$ とすると，つぎの定理が成り立つ．

定理 A.9 (2 変数関数のマクローリン展開)

$$f(x,y) = f(0,0) + f_x(0,0)x + f_y(0,0)y$$
$$+ \frac{1}{2!}\left(f_{xx}(0,0)x^2 + 2f_{xy}(0,0)xy + f_{yy}(0,0)y^2\right) + \cdots \quad (A.23)$$

例題 A.2 $f(x,y) = e^{x+y}$ のマクローリン展開を，x, y について 2 次の項まで求めよ．

【解答】 $f_x(x,y) = e^{x+y}$, $f_y(x,y) = e^{x+y}$ となるので $f_{xx}(x,y) = f_{xy}(x,y) = f_{yy}(x,y) = e^{x+y}$ である．したがって，$f(0,0) = f_x(0,0) = \cdots = f_{yy}(0,0) = 1$ となる．よって

$$f(x,y) = 1 + (x+y) + \frac{1}{2}(x+y)^2 + \cdots$$

が得られる． ◇

注意：上の例題からわかるように，e^{x+y} の展開は e^x のマクローリン展開の x に $x+y$ を代入したものになる．

問 題 A.2

問 1. 例題 A.2 にならってつぎの関数のマクローリン展開を，x, y について 2 次の項まで求めよ．

(1) $z = x^2 + y^2$ (2) $z = x^2 + 2xy - y^2$ (3) $z = \sin xy$
(4) $z = \sin x \cos y$

A.3　条件つき極値

2 つの変数 x, y が条件

$$g(x,y) = 0$$

を満たすとき，関数 $z = f(x,y)$ の極値を求める**条件つき極値問題**を考える．$g(x,y) = 0$ から $y = h(x)$ となり，y は x の関数とみなせるので $z = f(x, h(x))$ となる．よって

$$\frac{dz}{dx} = f_x(x,y) + f_y(x,y)\frac{dy}{dx} = 0 \tag{A.24}$$

を $z = f(x,y)$ の極値を与える点 (a,b) が満たすはずである．また，$g(x,y) = 0$ であるので陰関数定理より

$$g_x(x,y) + g_y(x,y)\frac{dy}{dx} = 0 \tag{A.25}$$

が成り立つ．この 2 式より $\dfrac{dy}{dx}$ を消去すると，(a,b) はつぎの式を満たすことになる．

$$\frac{f_x(a,b)}{g_x(a,b)} = \frac{f_y(a,b)}{g_y(a,b)} \tag{A.26}$$

この式の値を λ とおくことにより，つぎの結果が得られる．

定理 A.10　$f(x,y)$, $g(x,y)$ は偏微分可能とする．条件

$$g(x,y) = 0$$

のもとで $z = f(x,y)$ が (a,b) で極値をとるならば

$$f_x(a,b) - \lambda g_x(a,b) = 0 \tag{A.27}$$
$$f_y(a,b) - \lambda g_y(a,b) = 0 \tag{A.28}$$

を満たす λ が存在する．この λ を**ラグランジュの乗数**という．

例題 A.3　$x^2 + y^2 = 2$ のとき，関数 $z = x + y$ の極値を与える候補点の座標を求めよ．

【解答】
$$g(x,y) = x^2 + y^2 - 2 = 0$$
$$f(x,y) = x + y$$

とおくと $f_x = 1$, $f_y = 1$, $g_x = 2x$, $g_y = 2y$ となるので, (a,b) で極値をとるならば

$$1 - 2a\lambda = 0$$
$$1 - 2b\lambda = 0$$

よって $a = b = \dfrac{1}{2\lambda}$ で, これを $a^2 + b^2 - 2 = 0$ に代入すると, $\lambda = \dfrac{1}{2}$ または $-\dfrac{1}{2}$ を得る. よって (a,b) は $(1,1)$, $(-1,-1)$ となる. ◇

問 題 A.3

問 1. $x^2 + y^2 = 2$ のとき, つぎの関数が極値をとる候補点の座標を求めよ.
 (1) $f(x,y) = xy$ (2) $f(x,y) = x^2 + xy + y^2$
 (3) $f(x,y) = x^2 - 2xy + y^2$

A.4 関数行列式と変数変換

4つの文字 a, b, c, d に対して D を $D = ad - bc$ で定め

$$D = \begin{vmatrix} a & b \\ c & d \end{vmatrix} \tag{A.29}$$

と表すことにする. 例えば

$$\begin{vmatrix} 1 & 2 \\ 3 & 4 \end{vmatrix} \tag{A.30}$$

の値は $4 - 6 = -2$ である.

定義 A.3 (行列式) x, y の関数 $f_1(x,y)$, $f_2(x,y)$, $g_1(x,y)$, $g_2(x,y)$ について D を

$$D = \begin{vmatrix} f_1(x,y) & f_2(x,y) \\ g_1(x,y) & g_2(x,y) \end{vmatrix} \tag{A.31}$$

で表すことにし，**行列式**と呼ぶ．

例 A.1 $f_1(x,y) = x$, $f_2(x,y) = x+y$, $g_1(x,y) = y$, $g_2(x,y) = x$ ならば，$D = x^2 - xy - y^2$ である．特に2つの関数 $x = f(u,v)$, $y = g(u,v)$ について D を $D = \dfrac{\partial(x,y)}{\partial(u,v)}$ で表し

$$\frac{\partial(x,y)}{\partial(u,v)} = \begin{vmatrix} f_u(u,v) & f_v(u,v) \\ g_u(u,v) & g_v(u,v) \end{vmatrix} \tag{A.32}$$

と定める．これを**関数行列式**または**ヤコビアン**と呼ぶ．

例 A.2 $x = u+v$, $y = uv$ のとき関数行列式は $x_u = 1$, $x_v = 1$, $y_u = v$, $y_v = u$ より $\dfrac{\partial(x,y)}{\partial(u,v)} = u - v$

定理 A.11 $x = r\cos\theta$, $y = r\sin\theta$ のとき関数行列式は

$$\frac{\partial(x,y)}{\partial(r,\theta)} = r \tag{A.33}$$

である．

証明 $x_r = \cos\theta$, $x_\theta = -r\sin\theta$, $y_r = \sin\theta$, $y_\theta = r\cos\theta$ となるので

$$\frac{\partial(x,y)}{\partial(r,\theta)} = r\cos^2\theta + r\sin^2\theta$$

から結論がいえる． □

定理 A.12 $x = p(u,v)$, $y = q(u,v)$ で表された関数について h, k を小さな実数とし

$$\Delta x = p(u+h, v+k) - p(u,v)$$
$$\Delta y = q(u+h, v+k) - q(u,v)$$

とおくとき

$$\Delta x \Delta y = \frac{\partial(x,y)}{\partial(u,v)} hk \tag{A.34}$$

がいえる.

証明 全微分を用いて増分を表すと

$$p(u+h, v+k) - p(u,v) = p_u(u,v)h + p_v(u,v)k$$

が成り立つことから結論が導かれる. □

つぎに, $x = r\cos\theta$, $y = r\sin\theta$ と極座標で表されているとき, 二重積分を求める方法を考えよう. 領域 D に対応する r, θ に関する領域を D' とすると, つぎの定理が成り立つ.

定理 A.13

$$\iint_D f(x,y)\,dxdy = \iint_{D'} rf(r\cos\theta, r\sin\theta)\,drd\theta \tag{A.35}$$

証明 関数行列式のところで示したように

$$dxdy = \left|\frac{\partial(x,y)}{\partial(r,\theta)}\right| drd\theta$$

が得られる. このとき

$$\left|\frac{\partial(x,y)}{\partial(r,\theta)}\right| = r$$

となるので, $dxdy = rdrd\theta$ がわかる. □

この定理を利用して二重積分を求めよう.

例題 A.4 $\iint_D xy\,dxdy$, $D = \{(x,y)|x^2+y^2 \leq 4,\ x \geq 0,\ y \geq 0\}$ を求めよ.

【解答】 $x = r\cos\theta$, $y = r\sin\theta$ とおくと D に対応する領域 D' は

$$D' = \left\{(r,\theta)\,\middle|\,0 \leq r \leq 2,\ 0 \leq \theta \leq \frac{\pi}{2}\right\}$$

となる. よって

$$V = \iint_D xy\,dxdy = \int_0^{\frac{\pi}{2}} \int_0^2 r^3 \sin\theta \cos\theta\, drd\theta$$
$$= \int_0^{\frac{\pi}{2}} \left[\frac{1}{8}r^4 \sin 2\theta\right]_0^2 d\theta = \left[-\cos 2\theta\right]_0^{\frac{\pi}{2}} = 2$$

となる. $\diamondsuit$

では最後に，広義の積分への応用を考える.

定理 A.14

$$\int_0^\infty e^{-x^2}dx = \frac{\sqrt{\pi}}{2} \tag{A.36}$$

が成り立つ.

証明 $I = \int_0^\infty e^{-x^2}dx$ とおく. $I = \int_0^\infty e^{-y^2}dy$ とも表せるので

$$I^2 = \iint_D e^{-(x^2+y^2)}dxdy$$

となる. ただし, $D = \{(x,y) | x \geq 0,\ y \geq 0\}$ である. このとき, $x = r\cos\theta$, $y = r\sin\theta$ とおくと, 対応する領域 D' は

$$D' = \left\{(r,\theta)\,\middle|\, r \geq 0,\ 0 \leq \theta \leq \frac{\pi}{2}\right\}$$

よって

$$I^2 = \int_0^\infty \left(\frac{\pi}{2}re^{-r^2}\right)dr = \frac{\pi}{2}\lim_{N\to\infty}\left[-\frac{1}{2}e^{-r^2}\right]_0^N$$
$$= \frac{\pi}{4}\left(1 - \lim_{N\to\infty}\frac{1}{e^{N^2}}\right) = \frac{\pi}{4}$$

がいえる. $\square$

問　題　A.4

問 1. つぎの関数について関数行列式を求めよ.

(1) $x = u - v,\quad y = u + v$　　(2) $x = u^2 - v^2,\quad y = 2uv$

(3) $x = \sin\dfrac{v}{u},\quad y = \cos\dfrac{u}{v}$

問 2. 極座標の公式を利用して，つぎの二重積分を求めよ．

(1) $\iint_D e^{x^2+y^2} dxdy, \ D = \{(x,y) | x^2 + y^2 \leq 1\}$

(2) $\iint_D (x^2 + y^2) \, dxdy, \ D = \{(x,y) | x^2 + y^2 \leq 4\}$

引用・参考文献

　このテキストを執筆するにあたって下記の教科書をたびたび参考にさせていただいたことをここに深く感謝する．

　文献 [1] は北里大学薬学部の学生に教科書として使わせていただいているもので，講義内容の確認や，このテキストのレイアウトなどの参考にさせていただいた．

[1] 水本久夫：微分積分学の基礎, 培風館 (1983)
[2] 矢野健太郎, 石原繁：微分積分, 裳華房 (1984)
[3] 池辺信範, 厚山健次他：新しい微分積分学, 培風館 (1998)
[4] 須田宏：初学者のための微分積分入門, 培風館 (1999)

　なお，このテキストで触れた行列式などに関しては，以下の [5] を参考のこと．また微分積分の応用に興味のある学生には [6] をお薦めする．

[5] 大橋常道, 加藤末広, 谷口哲也：ミニマム線形代数, コロナ社 (2008)
[6] 大橋常道：微分方程式・差分方程式入門, コロナ社 (2007)

問 題 の 答

問題 1.1
問 1. (1) $2 \leqq y \leqq 20$　　(2) $1 \leqq y \leqq 10$

問 2.
$$|x| = \begin{cases} x & (x \geqq 0 \text{ のとき}) \\ -x & (x < 0 \text{ のとき}) \end{cases}, \quad |x-1| = \begin{cases} x-1 & (x \geqq 1 \text{ のとき}) \\ -x+1 & (x < 1 \text{ のとき}) \end{cases}$$

であるから，各グラフは**解図 1.1** のようになる．

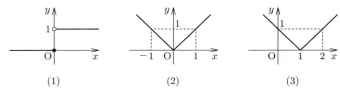

解図 1.1

問題 1.2
問 1. (1) $y = x^2 - 2x + 4 = (x-1)^2 + 3$

(2) $y = x^3 + 3x^2 + 3x + 1 = (x+1)^3$

(3) $y = (x-1)(x+1)(x^2+1) = (x^2-1)(x^2+1) = x^4 - 1$

よって，各グラフは**解図 1.2** のようになる．

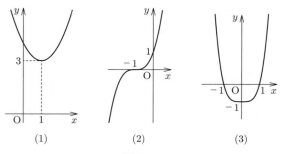

解図 1.2

問 2. $p = 2$, $q = -1$

問 3. (1) 共に偶関数とすると，$f(-x)g(-x) = f(x)g(x)$，共に奇関数とすると，$f(-x)g(-x) = \{-f(x)\}\{-g(x)\} = f(x)g(x)$ なので，いずれの場合も $f(x)g(x)$ は偶関数である．

(2) $f(x)$ が奇関数，$g(x)$ が偶関数とすると，$f(-x)g(-x) = \{-f(x)\}g(x) = -f(x)g(x)$ となるので，$f(x)g(x)$ は奇関数である．逆の場合も同様である．

問題 1.3

問 1. (1) $y = \dfrac{2}{x}$ のグラフを x 軸方向に 3，y 軸方向に 2 だけ平行移動したもの

(2) $y = \dfrac{3x+2}{x} = \dfrac{2}{x} + 3$ であるから，$y = \dfrac{2}{x}$ のグラフを y 軸方向に 3 だけ平行移動したもの

(3) $y = \dfrac{x-1}{x-3} = \dfrac{2}{x-3} + 1$ であるから，$y = \dfrac{2}{x}$ のグラフを x 軸方向に 3，y 軸方向に 1 だけ平行移動したもの

問 2. $x = 4$ のとき最大値 19，$x = 6$ のとき最小値 9

問題 1.4

問 1. 各グラフは**解図 1.3** のようになる．

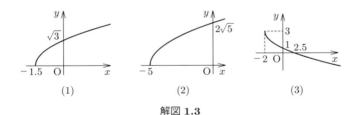

解図 1.3

問 2. $a = 2$, $b = 4$

問題 1.5

問 1. (1) 逆関数は $y = -x^2$ $(x \geqq 0)$ (2) 逆関数は $y = \dfrac{2x+3}{x+2}$ $(-1.5 < x \leqq 3)$，グラフはそれぞれ**解図 1.4** のようになる．

問題 1.6

問 1. (1) 周期 4π (2) 周期 π (3) 周期 π，グラフはそれぞれ**解図 1.5** の

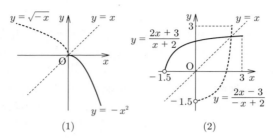

解図 1.4

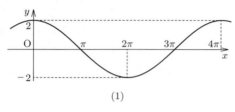

(1)

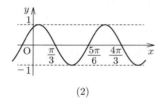   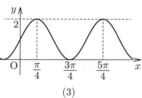

(2)   (3)

解図 1.5

ようになる.

問 2. $\dfrac{\sqrt{6}+\sqrt{2}}{4}$

問 3. $\cos 2\alpha = \dfrac{7}{25}$, $\sin 2\alpha = -\dfrac{24}{25}$

問 4. (1) $\dfrac{1}{2}(\sin 4\theta + \sin 2\theta)$ (2) $\dfrac{1}{2}(\cos 5\theta + \cos \theta)$ (3) $-\dfrac{1}{2}(\cos 7\theta - \cos 3\theta)$

問 5. $y = \sin x - \cos x = \sqrt{2}\sin\left(x - \dfrac{\pi}{4}\right)$ であるから,グラフは**解図 1.6** のようになる.また,$x = \dfrac{3\pi}{4}$ のとき最大値 $\sqrt{2}$,$x = 0$ のとき最小値 -1 をとる.

問題 1.7

問 1. (1) 25   (2) 3   (3) 25   (4) 5

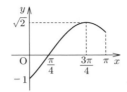

解図 1.6

問 2. 各グラフは**解図 1.7** のようになる.

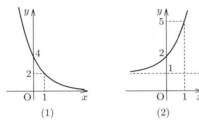

解図 1.7

問題 1.8

問 1. (1) $x = 16$ (2) $x = 2$ (3) $x = 6$

問 2. (1) 5 (2) 1 (3) $\dfrac{1}{3}$ (4) 0 (5) 1 (6) 1 (7) $\dfrac{2}{3}$ (8) $\dfrac{3}{2}$

問 3. 各グラフは**解図 1.8** のようになる.

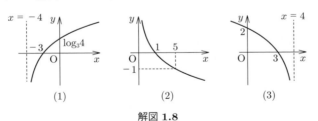

解図 1.8

問題 1.9

問 1. (1) $-\dfrac{\pi}{2}$ (2) $\dfrac{\pi}{4}$ (3) $\dfrac{\pi}{2}$ (4) $\dfrac{3\pi}{4}$ (5) $-\dfrac{\pi}{3}$ (6) $-\dfrac{\pi}{4}$

問 2. (1) $\cos^{-1}\dfrac{63}{65} = \alpha$, $\cos^{-1}\dfrac{12}{13} = \beta$ とおくと, $0 < \alpha < \dfrac{\pi}{2}$, $0 < \beta < \dfrac{\pi}{2}$ であ

り，$\cos\alpha = \dfrac{63}{65}$, $\cos\beta = \dfrac{12}{13}$ である．したがって，$\sin\alpha = \sqrt{1-\cos^2\alpha} = \dfrac{16}{65}$, $\sin\beta = \sqrt{1-\cos^2\beta} = \dfrac{5}{13}$ である．よって

$$\sin(\alpha+\beta) = \sin\alpha\cos\beta + \cos\alpha\sin\beta = \frac{16}{65} \times \frac{63}{65} + \frac{5}{13} \times \frac{12}{13} = \frac{3}{5}$$

$$\therefore \quad \sin^{-1}\frac{3}{5} = \alpha + \beta = \cos^{-1}\frac{63}{65} + \cos^{-1}\frac{12}{13}$$

(2) $\sin^{-1}\dfrac{1}{3} = \alpha$, $\cos^{-1}\dfrac{1}{3} = \beta$ とおくと，$0 < \alpha < \dfrac{\pi}{2}$, $0 < \beta < \dfrac{\pi}{2}$ であり，$\sin\alpha = \dfrac{1}{3}$, $\cos\beta = \dfrac{1}{3}$ である．したがって，$\cos\alpha = \sqrt{1-\sin^2\alpha} = \dfrac{2\sqrt{2}}{3}$, $\sin\beta = \sqrt{1-\cos^2\beta} = \dfrac{2\sqrt{2}}{3}$ である．よって，倍角公式より

$$\sin\left(2\sin^{-1}\frac{1}{3} - \cos^{-1}\frac{1}{3}\right) = \sin(2\alpha - \beta) = \sin 2\alpha\cos\beta - \cos 2\alpha\sin\beta$$
$$= 2\sin\alpha\cos\alpha\cos\beta - (\cos^2\alpha - \sin^2\alpha)\sin\beta$$
$$= -\frac{10\sqrt{2}}{27}$$

問題 2.1

問 1. (1) 5　　(2) 5　　(3) 2

問 2. (1) 32　　(2) $\dfrac{7}{2}$　　(3) $-\dfrac{1}{3}$

問 3. (1) 2　　(2) $-\dfrac{3}{2}$　　(3) 4　　(4) $\dfrac{5}{8}$

問 4. (1) 存在しない．
(2) 存在しない（与えられた関数は $x > 0$ では $y = 1$, $x < 0$ では $y = -1$ となるので，右側極限は 1，左側極限は -1 となる）．

問 5. (1) -2　　(2) ∞　　(3) $-\dfrac{5}{3}$

問 6. (1) ∞　　(2) ∞　　(3) なし

問題 2.2

問 1. $x \neq 2$ のとき，$f(x) = x+2$ であるから，$f(x)$ のグラフは**解図 2.1** のようになる．$\lim\limits_{x \to 2+0} f(x) = \lim\limits_{x \to 2-0} f(x) = 4$ であるので，$\lim\limits_{x \to 2} f(x) = 4$ である．一方，$f(2) = 5$ なので $\lim\limits_{x \to 2} f(x) \neq f(2)$ であるから $f(x)$ は $x = 2$ で連続でない．

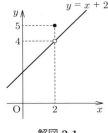

解図 2.1

問 2. 4

問題 2.3
問 1. (1) $y' = 3x^2 + 10x$ (2) $y' = 7x^6$ (3) $y' = 11x^{10} + 8x^7$
(4) $y' = 6x^5 + 20x^4 - 15x^2 + 4x$ (5) $y' = -36x^8 + 20x^4 - 3x^2$
(6) $y' = 4x^3 + 4x$ (7) $y' = 5x^4 - 8x^3 + 6x - 6$

問題 2.4
問 1. (1) $y = 7x - 7$ (2) $y = 5x - 4$ (3) $y = 15x - 11$
(4) $y = 10x - 9$

問題 2.5
問 1. (1) $y' = 4x^3 + 2x$ (2) $y' = (2x+1)(x^3+2) + 3x^2(x^2+x+1)$
$= 5x^4 + 4x^3 + 3x^2 + 4x + 2$
(3) $y' = (3x^2+1)(x^4+x^2+3) + (x^3+x+2)(4x^3+2x)$
$= 7x^6 + 10x^4 + 8x^3 + 12x^2 + 4x + 3$
(4) $y' = (7x^6+10x^4+2)(x^4-2x^3+x^2-3) + (x^7+2x^5+2x+1)(4x^3-6x^2+2x)$
$= 11x^{10} - 20x^9 + 27x^8 - 32x^7 - 7x^6 - 20x^4 - 12x^3 + 2x - 6$

問 2. (1) $y = -x + 2$ (2) $y = 15x + 15$ (3) $y = 26x - 2$
(4) $y = 12x - 24$

問題 2.6
問 1. (1) $y' = \dfrac{-2}{(x-1)^2}$ (2) $y' = \dfrac{2(1-x^2)}{(x^2+1)^2}$ (3) $y' = \dfrac{-x^4 - 6x^2 + 2x}{(x^3+1)^2}$

(4) $y' = \dfrac{-(3x^2 + 2x + 1)}{(x^2 + x)^2}$

問 2. (1) $y' = \dfrac{-3}{x^4}$ (2) $y' = \dfrac{-8}{x^5}$ (3) $y' = \dfrac{15}{x^6}$ (4) $y' = 2x + \dfrac{2}{x^3}$

(5) $y' = 2x - \dfrac{2}{x^3}$

問 3. (1) $y = -3x + 4$, $y = \dfrac{1}{3}x + \dfrac{2}{3}$ (2) $y = 8x + 10$, $y = -\dfrac{1}{8}x + \dfrac{15}{8}$

(3) $y = 15x - 18$, $y = -\dfrac{1}{15}x - \dfrac{44}{15}$

問題 2.7

問 1. (1) $y = u^4$, $u = 2x + 1$ (2) $y = u^5$, $u = x^2 + 3$

(3) $y = u^3$, $u = x + \dfrac{1}{x}$ (4) $y = \dfrac{1}{u^2}$, $u = 2x + 1$

問 2. (1) $8(2x+1)^3$ (2) $10x(x^2+3)^4$ (3) $3\left(1 - \dfrac{1}{x^2}\right)\left(x + \dfrac{1}{x}\right)^2$

(4) $\dfrac{-4}{(2x+1)^3}$

問題 2.8

問 1. (1) $y' = \dfrac{x}{\sqrt{x^2 + 4}}$ (2) $y' = \dfrac{1}{3\sqrt[3]{x^2}} + \dfrac{3}{4} \cdot \dfrac{1}{\sqrt[4]{x}}$

(3) $y' = -\dfrac{2}{3} \cdot \dfrac{1}{x\sqrt[3]{x^2}} - \dfrac{1}{4} \cdot \dfrac{1}{x\sqrt[4]{x}}$

(4) $y' = \dfrac{3}{2}\left(\dfrac{1}{\sqrt{x}} - \dfrac{1}{x\sqrt{x}}\right)\left(\sqrt{x} + \dfrac{1}{\sqrt{x}}\right)^2$ (5) $y' = 1 + \dfrac{3}{2} \cdot \dfrac{1}{\sqrt{x}}$

(6) $y' = \dfrac{1}{\sqrt{x}(\sqrt{x}+1)^2}$

問 2. (1) $\dfrac{dy}{dx} = 3$ (2) $\dfrac{dy}{dx} = 4t$ (3) $\dfrac{dy}{dx} = \dfrac{t^2 - 1}{2t^3}$

問題 2.9

問 1. (1) $\dfrac{1}{2}$ (2) 1 (3) 2 (4) 2 (5) $\dfrac{1}{2}$ (6) 2

問 2. (1) $y' = \sin 2x + 2x \cos 2x$ (2) $y' = -3 \sin 6x$

(3) $y' = \sin x \sec^2 x$ (4) $y' = \dfrac{-2 \cos x}{(1 + \sin x)^2}$

(5) $y' = \dfrac{-\sin x}{2\sqrt{1 + \cos x}}$ (6) $y' = -\sin 2x + 2\cos x + 9\tan^2 x \sec^2 x$

(7) $y' = \dfrac{1}{\sqrt{x - x^2}}$ (8) $y' = \dfrac{a}{x^2 + a^2}$

問題 2.10
問 1. (1) e^2 (2) $\sqrt{e}$ (3) $\dfrac{1}{\log 2}$ (4) $\dfrac{1}{3}$ (5) 2 (6) $\log 2$

問 2. (1) $y' = e^x(x+1)$ (2) $y' = e^x(\sin x + \cos x)$ (3) $y' = 3^x \log 3$
(4) $y' = 4(e^{4x} - e^{-4x})$ (5) $y' = \dfrac{e^x}{2\sqrt{e^x + 1}}$ (6) $y' = \dfrac{2e^x}{(e^x+1)^2}$

問 3. (1) $y = x + 1$ (2) $y = 3\log 3 \, x + 3 - 3\log 3$
(3) $y = 2e^4 x - 3e^4$

問題 2.11
問 1. (1) $y' = \log x + 1$ (2) $y' = \dfrac{2\log x}{x}$ (3) $y' = \dfrac{1}{2x\sqrt{1 + \log x}}$
(4) $y' = e^{-2x}\left(-2\log x + \dfrac{1}{x}\right)$ (5) $y' = \tan x$
(6) $y' = \dfrac{(2x + 2x \log x - 1)e^{2x}}{x(1 + \log x)^2}$

問 2. (1) $y' = \dfrac{5}{x-3} - \dfrac{3}{x+1} - \dfrac{1}{x-2}$ (2) $y' = \dfrac{1}{2}\left(\dfrac{1}{x-2} - \dfrac{1}{x+1}\right)$
(3) $y' = \dfrac{1}{4}\left(\dfrac{1}{x-1} + \dfrac{1}{x-2} - \dfrac{1}{x+1} - \dfrac{1}{x+2}\right)$

問題 3.1
問 1. (1) $y' = 2x^{2x}(\log x + 1)$ (2) $y' = x(2\log x + 1)x^{x^2}$
(3) $y' = \sin x^x \left(\log|\sin x| + \dfrac{x \cos x}{\sin x}\right)$
(4) $y' = x^{\sin x}\left(\cos x \log x + \dfrac{\sin x}{x}\right)$

問 2. (1) $y = 2x - 1$ (2) $y = x$

問 3. (1) $y' = y\left(\dfrac{3}{x-1} + \dfrac{4}{x-2} - \dfrac{2}{x+1}\right)$
(2) $y' = \dfrac{1}{2}y\left(\dfrac{1}{x+1} + \dfrac{1}{x+2} - \dfrac{1}{x-2}\right)$
(3) $y' = y\left(\dfrac{24x}{3x^2+2} - \dfrac{7}{3-x} - \dfrac{6x}{x^2+2} - \dfrac{10}{2x+3}\right)$

(4) $y' = \dfrac{1}{3}y\left(\dfrac{1}{x-1} - \dfrac{2}{x+1} - \dfrac{2}{x+2}\right)$

ただし，y は (1)〜(4) それぞれの関数とする．

問題 3.2

問 1. (1) $y^{(3)} = 60x^2$　　(2) $y^{(4)} = 720x^2$　　(3) $y^{(3)} = 24x$

(4) $y^{(2)} = \dfrac{6}{x^4}$　　(5) $y^{(3)} = \dfrac{3}{8}\cdot\dfrac{1}{x^2\sqrt{x}}$

(6) $y^{(n)} = (-3)\cdots(-2-n)\dfrac{1}{x^{3+n}}$

問 2. (1) $y^{(n)} = -27\cos 3x$　　(2) $y^{(n)} = -32\sin 2x$

(3) $y^{(n)} = 16\sin(2x-1)$

問 3. (1) $y^{(3)} = 1620(3x+2)^2$　　(2) $y^{(4)} = -\dfrac{24}{(x+1)^5}$

(3) $y^{(2)} = \dfrac{24}{(2x-1)^4}$

問 4. 前半の y'' の等式の証明は略する．$y'' = 8(7x^2+1)(x^2+1)^2$

問題 3.3

問 1. (1) $y'' = e^{2x}(3\cos x - 4\sin x)$　　(2) $y'' = -e^{-x}(3\sin 2x + 4\cos 2x)$

(3) $y'' = e^x(x^2+4x+3)$　　(4) $y'' = e^{-2x}(4x^3 - 12x^2 + 6x)$

問 2. (1) $y^{(n)} = (-1)^n e^{-x}(x-n)$　　(2) $y^{(n)} = e^x\{x^2 + 2nx + n(n-1)\}$

(3) $y^{(n)} = x\sin\left(x + \dfrac{n\pi}{2}\right) + n\sin\left\{x + \dfrac{(n-1)\pi}{2}\right\}$

問題 3.4

問 1. (1) $c = 2$　　(2) $c = \dfrac{5}{4}$　　(3) $c = 2 \pm \dfrac{\sqrt{3}}{3}$　　(4) $c = \dfrac{7}{3}$

問題 3.5

問 1. (1) $c = \dfrac{-3+\sqrt{57}}{3}$　　(2) $c = 1$　　(3) $c = \dfrac{4\pm\sqrt{13}}{3}$

問 2. (1) $\dfrac{2401}{1200}$　　(2) $\dfrac{1799}{600}$

問題 3.6

問 1. (1) 3　　(2) 4　　(3) 1　　(4) 0　　(5) $\dfrac{1}{2}$

問題の答　185

問 2. (1) $-\dfrac{1}{2}$　(2) 0

問 3. (1) 1　(2) $e^{-\frac{1}{2}}$

問題 3.7

問 1. (1) $y' = (3x-1)(x-1)$, $y'' = 6x-4$ となる. $y' = 0$ とすると $x = 1, \dfrac{1}{3}$ であり, $y'' = 0$ とすると $x = \dfrac{2}{3}$ であるので, 増減, 凹凸は**解表 3.1** のようになる.

解表 3.1

x	$\cdots$	$\frac{1}{3}$	$\cdots$	$\frac{2}{3}$	$\cdots$	1	$\cdots$
y'	+	0	−	−	−	0	+
y''	−	−	−	0	+	+	+
y	↗	$\frac{4}{27}$	↘	$\frac{2}{27}$	↘	0	↗

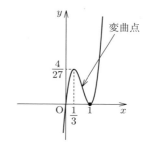

解図 3.1

よって, $x = \dfrac{1}{3}$ のとき極大値 $\dfrac{4}{27}$, $x = 1$ のとき極小値 0, 変曲点は $\left(\dfrac{2}{3}, \dfrac{2}{27}\right)$ であり, グラフは**解図 3.1** のようになる.

(2) $y' = 12x(x-1)^2$, $y'' = 12(3x-1)(x-1)$ となる. $y' = 0$ とすると $x = 0, 1$ であり, $y'' = 0$ とすると $x = \dfrac{1}{3}, 1$ であるので, 増減, 凹凸は**解表 3.2** のようになる.

解表 3.2

x	$\cdots$	0	$\cdots$	$\frac{1}{3}$	$\cdots$	1	$\cdots$
y'	−	0	+	+	+	0	+
y''	+	+	+	0	−	0	+
y	↘	0	↗	$\frac{11}{27}$	↗	1	↗

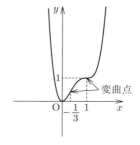

解図 3.2

よって，$x=0$ のとき極小値 0，変曲点は $\left(\dfrac{1}{3}, \dfrac{11}{27}\right), (1,1)$ であり，グラフは解図 **3.2** のようになる．

(3) $y' = -4x(x^2-2)$, $y'' = -4(3x^2-2)$ となる．$y'=0$ とすると $x=0, \pm\sqrt{2}$ であり，$y''=0$ とすると $x=\pm\dfrac{\sqrt{6}}{3}$ であるので，増減，凹凸は**解表 3.3** のようになる．

解表 **3.3**

x	$\cdots$	$-\sqrt{2}$	$\cdots$	$-\dfrac{\sqrt{6}}{3}$	$\cdots$	0	$\cdots$	$\dfrac{\sqrt{6}}{3}$	$\cdots$	$\sqrt{2}$	$\cdots$
y'	$+$	0	$-$	$-$	$-$	0	$+$	$+$	$+$	0	$-$
y''	$-$	$-$	$-$	0	$+$	$+$	$+$	0	$-$	$-$	$-$
y	↗	4	↘	$\dfrac{20}{9}$	↘	0	↗	$\dfrac{20}{9}$	↗	4	↘

よって，$x=0$ のとき極小値 0, $x=\pm\sqrt{2}$ のとき極大値 4，変曲点は $\left(\pm\dfrac{\sqrt{6}}{3}, \dfrac{20}{9}\right)$ であり，グラフは**解図 3.3** のようになる．

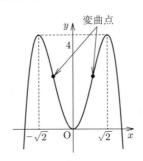

解図 **3.3**

問題 **3.8**

問 1. (1) $y' = (1-x)e^{-x}$, $y'' = -e^{-x}(2-x)$, $\displaystyle\lim_{x\to-\infty} xe^{-x} = -\infty$, $\displaystyle\lim_{x\to\infty} xe^{-x} = \displaystyle\lim_{x\to\infty}\dfrac{1}{e^x} = 0$ であり，増減，凹凸は**解表 3.4**，グラフは**解図 3.4** のようになる．

問 題 の 答　　187

解表 3.4

x	$\cdots$	1	$\cdots$	2	$\cdots$
y'	+	0	−	−	−
y''	−	−	−	0	+
y	↗	e^{-1}	↘	$2e^{-2}$	↘

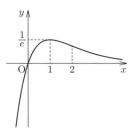

解図 3.4

(2)　$y' = 5x^3(x-4)$, $y'' = 20x^2(x-3)$, $\lim_{x \to \infty}(x^5 - 5x^4) = \infty$, $\lim_{x \to -\infty}(x^5 - 5x^4) = -\infty$ であり，増減，凹凸は**解表 3.5**, グラフは**解図 3.5** のようになる．

解表 3.5

x	$\cdots$	0	$\cdots$	3	$\cdots$	4	$\cdots$
y'	+	0	−	−	−	0	+
y''	−	0	−	0	+	+	+
y	↗	0	↘	−162	↘	−256	↗

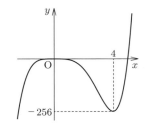

解図 3.5

(3)　奇関数なので，$x \geqq 0$ として考えれば十分．$y' = \dfrac{1-x^2}{(x^2+1)^2}$, $y'' = \dfrac{2x(x^2-3)}{(x^2+1)^3}$, $\lim_{x \to \infty} \dfrac{x}{x^2+1} = 0$ であり，増減，凹凸は**解表 3.6**, グラフは**解図 3.6** のようになる．

解表 3.6

x	0	$\cdots$	1	$\cdots$	$\sqrt{3}$	$\cdots$
y'	+	+	0	−	−	−
y''	0	−	−	−	0	+
y	0	↗	$\frac{1}{2}$	↘	$\frac{\sqrt{3}}{4}$	↘

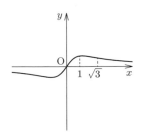

解図 3.6

(4) 偶関数なので，$x \geqq 0$ として考えれば十分．$y' = -4xe^{-2x^2}$, $y'' = 4(4x^2 - 1)e^{-2x^2}$, $\lim_{x \to \infty} e^{-2x^2} = 0$ であり，増減，凹凸は**解表 3.7**，グラフは**解図 3.7** のようになる．

解表 3.7

x	0	$\cdots$	$\frac{1}{2}$	$\cdots$
y'	0	$-$	$-$	$-$
y''	$-$	$-$	0	$+$
y	1	↘	$\frac{1}{\sqrt{e}}$	↘

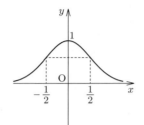

解図 3.7

問題 3.9

問 1. (1) a_0 から順に 11, 13, 6, 1　　(2) a_0 から順に 4, -6, 7, -4, 1

問 2. (1) $\dfrac{1}{1-x} = 1 + x + x^2 + x^3 + \dfrac{1}{(1-\theta x)^4}x^4$

(2) $\log(1+x) = x - \dfrac{1}{2}x^2 + \dfrac{1}{3}x^3 - \dfrac{1}{4}\left(\dfrac{x}{1+\theta x}\right)^4$

(3) $\sqrt{1+x} = 1 + \dfrac{1}{2}x - \dfrac{1}{8}x^2 + \dfrac{1}{16}x^3 - \dfrac{5}{128}(1+\theta x)^{-\frac{7}{2}}x^4$

問 3. (1) 2.0007　　(2) 1.005

問題 3.10

問 1. (1) 7.2666　　(2) 1.6486

問 2. (1) $e^{-x} = 1 - x + \dfrac{1}{2!}x^2 - \dfrac{1}{3!}x^3 + \cdots$

(2) $(x-1)^5 = -1 + 5x - 10x^2 + 10x^3 - 5x^4 + x^5$

(3) $\dfrac{1}{1+x} = 1 - x + x^2 - x^3 + \cdots$

(4) $\log(1-x) = -\left(x + \dfrac{1}{2}x^2 + \dfrac{1}{3}x^3 + \dfrac{1}{4}x^4 + \cdots\right)$

(5) $\sqrt{1-x} = 1 - \dfrac{1}{2}x - \dfrac{1}{8}x^2 + \cdots$

問題 4.2
問 1. (1) $\dfrac{1}{5}x^5 + C$ (2) $\dfrac{1}{6}x^6 + C$ (3) $-\dfrac{1}{2x^2} + C$

(4) $\dfrac{2}{3}x\sqrt{x} + C$ (5) $-\dfrac{1}{2}\cos 2x + C$ (6) $\dfrac{1}{3}\sin 3x + C$

(7) $-\dfrac{1}{3}e^{-3x} + C$ (8) $\dfrac{1}{7}x^7 - \dfrac{1}{3}x^6 + \dfrac{3}{5}x^5 - x^3 + 2x + C$

(9) $\log|2x^2 + 1| + C$ (10) $\dfrac{1}{2}\log|x^4 + 2x^3 + 1| + C$

問題 4.3
問 1. (1) $\dfrac{1}{18}(3x - 1)^6 + C$ (2) $-\dfrac{1}{2} \cdot \dfrac{1}{2x - 1} + C$ (3) $2\sqrt{x - 1} + C$

問 2. (1) $-\dfrac{1}{2}e^{-x^2} + C$ (2) $\dfrac{1}{24}(x^4 + 1)^6 + C$ (3) $\dfrac{1}{4}(x^2 + x + 2)^4 + C$

(4) $-\dfrac{1}{2}\cos(x^2 + 1) + C$

問 3. (1) $\sin^{-1}\dfrac{x}{a} + C$ (2) $\dfrac{1}{a}\tan^{-1}\dfrac{x}{a} + C$

問題 4.4
問 1. (1) $x\sin x + \cos x + C$ (2) $-\dfrac{1}{4}e^{-2x}(2x^2 + 2x + 1) + C$

(3) $\dfrac{1}{3}x^3 \log x - \dfrac{1}{9}x^3 + C$ (4) $\dfrac{1}{5}e^{2x}(\sin x + 2\cos x) + C$

問題 4.5
問 1. (1) $\dfrac{1}{2}\log\left|\dfrac{x-1}{x+1}\right| + C$ (2) $2\log|x+1| - \log|x+2| + C$

(3) $-\dfrac{1}{2}\log|x-1| - \dfrac{2}{5}\log|x+2| + \dfrac{29}{10}\log|x-3| + C$

(4) $\dfrac{1}{2}x^2 + 3x - 3\log|x-1| + 12\log|x-2| + C$

問 2. (1) $\log|x-2| - \dfrac{3}{x-2} + C$ (2) $\log|x+1| + \dfrac{5}{x+1} - \dfrac{5}{2(x+1)^2} + C$

(3) $2\log|x| - 2\log|x-1| - \dfrac{5}{x-1} + C$

問 3. (1) $\dfrac{3}{2}\log|x^2 + 1| + 4\tan^{-1} x + C$

(2) $3\log|x-1| - \log|x^2 + 1| - 2\tan^{-1} x + C$

問題 4.6

問 1. (1) $\log\left|\tan\dfrac{x}{2}\right| + C$ (2) $\log\left|1 + \tan\dfrac{x}{2}\right| - \log\left|1 - \tan\dfrac{x}{2}\right| + C$

(3) $x + \dfrac{2}{1 + \tan\dfrac{x}{2}} + C$

問題 4.7

問 1. (1) $x\sin^{-1}2x + \dfrac{1}{2}\sqrt{1 - 4x^2} + C$ (2) $x\tan^{-1}3x - \dfrac{1}{6}\log(1 + 9x^2) + C$

問 2. 略 [ヒント：$f(x) = \cos^{-1}x$, $g'(x) = 1$ として部分積分法を用いよ．]

問題 5.1

問 1. (1) $-\dfrac{29}{12}$ (2) $-\dfrac{1}{3}$ (3) $e^2 - e$ (4) $\dfrac{2}{3}(2\sqrt{2} - 1)$ (5) 1

(6) $\dfrac{9}{64}$ (7) 1 (8) $\log 5$ (9) 0

問 2. (1) $f'(x) = \sin 2x$ (2) $g'(x) = 2\sin 2x$ (3) $h(x) = \dfrac{1}{2}x$

問題 5.2

問 1. (1) $\dfrac{85}{4}$ (2) $\dfrac{1}{2}$ (3) $\dfrac{1}{2}(e - 1)$ (4) $\dfrac{1}{2}$

問 2. (1) $\dfrac{\pi}{4}$ (2) $\dfrac{\pi}{2}$ (3) $\dfrac{\pi}{4}$

問題 5.3

問 1. (1) $\dfrac{1}{4}(e^2 + 1)$ (2) 1 (3) $e - 2$ (4) $\dfrac{1}{4}(e^2 + 1)$ (5) 1

(6) $\dfrac{1}{2}(1 - e^{-\frac{\pi}{2}})$

問 2. (1) 2 (2) 0

問題 5.4

問 1. (1) $\dfrac{5}{32}\pi$ (2) $\dfrac{1}{3}$

問 2. 略 [ヒント：(1) $I_n - 2I_{n-1} = \displaystyle\int_{-1}^{1}(x - 1)^2(x + 1)^{n-1}(x + 1 - 2)\,dx$ となることを使う． (2) $f(x) = (x - 1)^3$, $g'(x) = (x + 1)^{n-1}$ として部分積分法を利用する．]

問題 5.5
問 1. (1) $e^2 - 1$　(2) 8
問 2. (1) $\dfrac{1}{3}$　(2) $\dfrac{27}{4}$　(3) $\dfrac{1}{6}$
問 3. (1) $\dfrac{4}{3}$　(2) 3π

問題 5.6
問 1. (1) $\dfrac{512}{15}\pi$　(2) $\dfrac{64}{15}\pi$　(3) $\dfrac{1}{2}(e^2-1)\pi$　(4) $\dfrac{4}{3}\pi$

問題 5.7
問 1. (1) $\dfrac{3}{2}$　(2) 2　(3) $\dfrac{\pi}{2}$　(4) $\dfrac{1}{2}$　(5) $\dfrac{\pi}{2}$　(6) -1
(7) 2

問題 6.1
問 1. (1) 連続　(2) 連続でない

問題 6.2
問 1. (1) $z_x = 3,\ z_y = -2$　(2) $z_x = 3x^2 - 3y,\ z_y = -3x + 3y^2$
(3) $z_x = 4x^3 + 4xy,\ z_y = 2x^2 - 3y^2$　(4) $z_x = 2xye^{x^2y},\ z_y = x^2 e^{x^2y}$
(5) $z_x = \cos x \cos y,\ z_y = -\sin x \sin y$　(6) $z_x = \dfrac{1}{y},\ z_y = -\dfrac{x}{y^2}$
問 2. (1) $z = 1$　(2) $z = 2x + 2y - 2$

問題 6.3
問 1. (1) $dz = 2x\,dx + 2y\,dy$　(2) $dz = (2xy^3 - y^2)\,dx + (3x^2y^2 - 2xy)\,dy$
(3) $dz = (y\cos xy)\,dx + (x\cos xy)\,dy$　(4) $dz = \dfrac{dx}{y} - \dfrac{x}{y^2}\,dy$

問題 6.4
問 1. (1) $z_{xx} = 2,\ z_{xy} = z_{yx} = 0,\ z_{yy} = 2$
(2) $z_{xx} = 6x,\ z_{xy} = z_{yx} = -6y,\ z_{yy} = -6x + 6y$
(3) $z_{xx} = y^2 e^{xy},\ z_{xy} = z_{yx} = (1 + xy)e^{xy},\ z_{yy} = x^2 e^{xy}$

(4) $z_{xx} = 0$, $z_{xy} = z_{yx} = -\dfrac{1}{y^2}$, $z_{yy} = \dfrac{2x}{y^3}$

(5) $z_{xx} = -\sin x \cos y$, $z_{xy} = z_{yx} = -\cos x \sin y$, $z_{yy} = -\sin x \cos y$

問 2. 略

問題 6.5

問 1. (1) $2t + 4t^3$ (2) 0 (3) $3t^2 + 3e^t + 3te^t - 2e^{2t}$

問 2. (1) $z_u = 4u$, $z_v = 4v$

(2) $z_u = 5u^5 + 12u^3v^2 + 9u^2v^3 - 9u^2v + 6uv^4 - 3v^3$,
$z_v = 5v^5 + 12u^2v^3 + 9u^3v^2 - 9uv^2 + 6u^4v - 3u^3$

問題 6.6

問 1. (1) $y' = \dfrac{3y - 2x}{3x - 2y}$ (2) $y' = \dfrac{e^x + ye^{xy}}{e^y - xe^{xy}}$ (3) $y' = -\dfrac{9x}{4y}$

問 2. $a = 1$, $b = 2$

問題 6.7

問 1. (1) 極小値 0 を $(0,0)$ でとる． (2) 極小値 2 を $(1,0)$ でとる．
(3) 極大値 4 を $(-2,-1)$ でとる． (4) 極小値 -27 を $(3,3)$ でとる．

問題 7.2

問 1. (1) -14 (2) $\dfrac{3}{4}$ (3) $\dfrac{3}{4}$ (4) 5

問 2. (1) 1 (2) $\dfrac{45}{8}$

問題 A.1

問 1. (1) $\log|\cosh x| + C$ (2) $\cosh^{-1}\dfrac{x}{2} + C$

(3) $\dfrac{1}{3}\tanh^{-1}\dfrac{x}{3} + C$

問題 A.2

問 1. (1) $z = x^2 + y^2$ (2) $z = x^2 + 2xy - y^2$ (3) $z = xy - \dfrac{1}{3!}x^3y^3 + \cdots$

(4) $z = x - \dfrac{1}{2}xy - \dfrac{1}{6}x^3 + \cdots$

問題 A.3
問 1. (1) $(1,1)$, $(-1,-1)$ (2) $(1,1)$, $(1,-1)$, $(-1,1)$, $(-1,-1)$
(3) $(1,1)$, $(1,-1)$, $(-1,1)$, $(-1,-1)$

問題 A.4
問 1. (1) 2 (2) $4(u^2+v^2)$ (3) 0
問 2. (1) $\pi(e-1)$ (2) 8π

索　引

【あ】
アークコサインエックス　21
アークサインエックス　21
アークタンジェントエックス　22
値　1

【い】
1次の近似式　72
1ラジアン　10
一般角　10
陰関数　146
　──の接線の方程式　147
陰関数定理　147

【う】
上に凸　80

【お】
オイラーの公式　91

【か】
下　端　110
加法定理　14
関　数　1
関数行列式　171

【き】
奇関数　3
逆関数　8
　──の微分　44
逆三角関数　22
逆双曲線関数　165
極限値　24, 26, 135
極小値　78, 149
極大値　78, 149
極　値　79, 149

　──の判定　153
近似式　72

【く】
偶関数　3
区　間　1
グラフ　2

【け】
原始関数　92

【こ】
広義の積分　130
高次導関数　62
合成関数　42
　──の微分　42
合成公式　16
恒等式　84
コーシーの平均値の定理　72
コセカント　11
コタンジェント　11
弧度法　10

【さ】
最大値・最小値の定理　31
座　標　2
三角関数　11
3　次
　──の近似式　87
　──の導関数　62
3倍角の公式　15

【し】
指　数　17
指数関数　18
指数法則　18
始　線　10
自然対数　55

下に凸　80
周　期　13
周期関数　12
収　束　24
条件つき極値問題　169
上　端　110
商の微分　39
初等関数の不定積分　94
真　数　19

【せ】
正の無限大に発散する　25
セカント　11
積
　──の微分　38
　──を和に直す公式　15
積分区間　110
積分する　93
積分定数　93
積分の平均値の定理　126
接　線　33
　──の方程式　36
絶対値　2
接平面　138
漸近線　5
全微分　140
全微分可能　140

【そ】
双曲線関数　163
増減表　80

【た】
第1象限　2
第3象限　2
対　数　19
対数関数　20
対数微分の公式　57

対数微分法	59	——のマクローリン展開		——の方程式	36
対数法則	20		168	**【ま】**	
第 2 象限	2	**【ね】**		マクローリン展開	89
第 4 象限	2	ネピアの数	53	マクローリンの定理	86
単位円	11	**【は】**		**【み】**	
単調減少	4	パラメーター表示	46	右側極限	28
単調増加	4	半角の公式	15	**【む】**	
【ち】		**【ひ】**		無理関数	6
値 域	1	被積分関数	93		
置換積分	96	左側極限	28	**【や】**	
中間値の定理	31	微分可能	32	ヤコビアン	171
調和関数	142	微分記号	43	**【ゆ】**	
【て】		微分係数	32	有限開区間	1
底	18, 20	微分する	34	有限閉区間	1
——の変換公式	20	**【ふ】**		**【ら】**	
定義域	1, 133	不定形	27, 74, 76	ライプニッツの公式	67
定数関数	2	不定積分	93	ラグランジュの乗数	169
定積分	110	負の無限大に発散する	25	ラジアン	10
——における置換積分	114	部分積分	98	ラプラス方程式	142
テイラー展開	88	部分分数分解	103	**【る】**	
テイラーの定理	85	分数関数	5	累次積分	160
停留点	151	分数式	102	累 乗	17
【と】		**【へ】**		累乗根	17
導関数	33	平均値の定理	70	**【れ】**	
動 径	10	平均変化率	32	連 続	30, 135
【に】		平行移動	3	連続関数	30, 135
2 階の偏導関数	141	べき関数	3	**【ろ】**	
2 次		べき級数	88	ロールの定理	68
——の近似式	87	変曲点	81	ロピタルの定理	74
——の導関数	62	偏導関数	136	**【わ】**	
——の偏導関数	141	偏微分可能	137	和を積に直す公式	16
二重積分	157	偏微分係数	136		
2 倍角の公式	14	偏微分する	137		
2 変数関数	133	**【ほ】**			
——のテイラー展開	168	法 線	36		

				n 乗根	17
【K】		**【N】**			
k 次の近似式	87	n 次の導関数	62		

―― 著 者 略 歴 ――

下田　保博（しもだ　やすひろ）
1975年　東京都立大学理学部数学科卒業
1977年　東京都立大学大学院修士課程修了（数学専攻）
1981年　東京都立大学大学院博士課程修了（数学専攻）
　　　　理学博士
1990年　北里大学専任講師
1996年　北里大学助教授
2008年　北里大学教授
2016年　北里大学退職
　　　　明治大学非常勤講師
2021年　逝去

伊藤　真吾（いとう　しんご）
2001年　東京理科大学理学部第一部数学科卒業
2004年　東京理科大学大学院修士課程修了（数学専攻）
2009年　東京理科大学大学院博士課程修了（数学専攻）
　　　　博士（理学）
2009年　東京理科大学助教
2013年　北里大学准教授
2016年　北里大学教授
　　　　現在に至る

改訂　微積分学入門
An Introduction to Calculus (Second Edition)
Ⓒ Yasuhiro Shimoda, Shingo Ito 2009, 2018

2009年 4 月13日　初　版第 1 刷発行
2017年 2 月10日　初　版第 6 刷発行
2018年 2 月28日　改訂版第 1 刷発行
2022年 3 月 5 日　改訂版第 5 刷発行

検印省略	著　者	下　田　保　博
		伊　藤　真　吾
	発 行 者	株式会社　コロナ社
		代 表 者　牛来真也
	印 刷 所	三美印刷株式会社
	製 本 所	有限会社　愛千製本所

112-0011　東京都文京区千石 4-46-10
発行所　株式会社　コロナ社
CORONA PUBLISHING CO., LTD.
Tokyo Japan
振替 00140-8-14844・電話(03)3941-3131(代)
ホームページ　https://www.coronasha.co.jp

ISBN 978-4-339-06115-4　C3041　Printed in Japan　　　（横尾）

JCOPY　<出版者著作権管理機構 委託出版物>
本書の無断複製は著作権法上での例外を除き禁じられています。複製される場合は，そのつど事前に，出版者著作権管理機構（電話 03-5244-5088，FAX 03-5244-5089，e-mail: info@jcopy.or.jp）の許諾を得てください。

本書のコピー，スキャン，デジタル化等の無断複製・転載は著作権法上での例外を除き禁じられています。購入者以外の第三者による本書の電子データ化及び電子書籍化は，いかなる場合も認めていません。
落丁・乱丁はお取替えいたします。

新コロナシリーズ

(各巻B6判，欠番は品切です)　頁　本体

2.	ギャンブルの数学	木下栄蔵著	174	1165円
3.	音戯話	山下充康著	122	1000円
4.	ケーブルの中の雷	速水敏幸著	180	1165円
5.	自然の中の電気と磁気	高木相著	172	1165円
6.	おもしろセンサ	國岡昭夫著	116	1000円
7.	コロナ現象	室岡義廣著	180	1165円
8.	コンピュータ犯罪のからくり	菅野文友著	144	1165円
9.	雷の科学	饗庭貢著	168	1200円
10.	切手で見るテレコミュニケーション史	山田康二著	166	1165円
11.	エントロピーの科学	細野敏夫著	188	1200円
12.	計測の進歩とハイテク	高田誠二著	162	1165円
13.	電波で巡る国ぐに	久保田博南著	134	1000円
14.	膜とは何か ―いろいろな膜のはたらき―	大矢晴彦著	140	1000円
15.	安全の目盛	平野敏右編	140	1165円
16.	やわらかな機械	木下源一郎著	186	1165円
17.	切手で見る輸血と献血	河瀬正晴著	170	1165円
19.	温度とは何か ―測定の基準と問題点―	櫻井弘久著	128	1000円
20.	世界を聴こう ―短波放送の楽しみ方―	赤林隆仁著	128	1000円
21.	宇宙からの交響楽 ―超高層プラズマ波動―	早川正士著	174	1165円
22.	やさしく語る放射線	菅野・関共著	140	1165円
23.	おもしろ力学 ―ビー玉遊びから地球脱出まで―	橋本英文著	164	1200円
24.	絵に秘める暗号の科学	松井甲子雄著	138	1165円
25.	脳波と夢	石山陽事著	148	1165円
26.	情報化社会と映像	樋渡涓二著	152	1165円
27.	ヒューマンインタフェースと画像処理	鳥脇純一郎著	180	1165円
28.	叩いて超音波で見る ―非線形効果を利用した計測―	佐藤拓宋著	110	1000円
29.	香りをたずねて	廣瀬清一著	158	1200円
30.	新しい植物をつくる ―植物バイオテクノロジーの世界―	山川祥秀著	152	1165円
31.	磁石の世界	加藤哲男著	164	1200円

			頁	本体
32.	体を測る	木村雄治著	134	1165円
33.	洗剤と洗浄の科学	中西茂子著	208	1400円
34.	電気の不思議 ―エレクトロニクスへの招待―	仙石正和編著	178	1200円
35.	試作への挑戦	石田正明著	142	1165円
36.	地球環境科学 ―滅びゆくわれらの母体―	今木清康著	186	1165円
37.	ニューエイジサイエンス入門 ―テレパシー，透視，予知などの超自然現象へのアプローチ―	窪田啓次郎著	152	1165円
38.	科学技術の発展と人のこころ	中村孔治著	172	1165円
39.	体を治す	木村雄治著	158	1200円
40.	夢を追う技術者・技術士	CEネットワーク編	170	1200円
41.	冬季雷の科学	道本光一郎著	130	1000円
42.	ほんとに動くおもちゃの工作	加藤孜著	156	1200円
43.	磁石と生き物 ―からだを磁石で診断・治療する―	保坂栄弘著	160	1200円
44.	音の生態学 ―音と人間のかかわり―	岩宮眞一郎著	156	1200円
45.	リサイクル社会とシンプルライフ	阿部絢子著	160	1200円
46.	廃棄物とのつきあい方	鹿園直建著	156	1200円
47.	電波の宇宙	前田耕一郎著	160	1200円
48.	住まいと環境の照明デザイン	饗庭貢著	174	1200円
49.	ネコと遺伝学	仁川純一著	140	1200円
50.	心を癒す園芸療法	日本園芸療法士協会編	170	1200円
51.	温泉学入門 ―温泉への誘い―	日本温泉科学会編	144	1200円
52.	摩擦への挑戦 ―新幹線からハードディスクまで―	日本トライボロジー学会編	176	1200円
53.	気象予報入門	道本光一郎著	118	1000円
54.	続もの作り不思議百科 ―ミリ，マイクロ，ナノの世界―	JSTP編	160	1200円
55.	人のことば，機械のことば ―プロトコルとインタフェース―	石山文彦著	118	1000円
56.	磁石のふしぎ	茂吉・早川共著	112	1000円
57.	摩擦との闘い ―家電の中の厳しき世界―	日本トライボロジー学会編	136	1200円
58.	製品開発の心と技 ―設計者をめざす若者へ―	安達瑛二著	176	1200円
59.	先端医療を支える工学 ―生体医工学への誘い―	日本生体医工学会編	168	1200円
60.	ハイテクと仮想の世界を生きぬくために	齋藤正男著	144	1200円
61.	未来を拓く宇宙展開構造物 ―伸ばす，広げる，膨らませる―	角田博明著	176	1200円
62.	科学技術の発展とエネルギーの利用	新宮原正三著	154	1200円
63.	微生物パワーで環境汚染に挑戦する	椎葉究著	144	1200円

定価は本体価格+税です。
定価は変更されることがありますのでご了承下さい。

◆図書目録進呈◆